MAGISCHE WÜSTEN

DIE SANDDÜNEN DER CHINESISCHEN MINGSHA SHAN (»KLINGENDE SANDBERGE«)

Der Beduine der Wüste, der in ihr geboren und aufgewachsen ist, hat sich mit der ganzen Seele dieser für Außenstehende allzu harten Kargheit hingegeben, aus dem zwar gefühlten, aber nicht bewusst gewordenen Grund, weil er sich in ihr wahrhaft frei findet. Er hat alle materiellen Bindungen, Annehmlichkeiten, Verfeinerungen, Luxus und sonstigen Ballast des Lebens hinter sich gelassen, um dafür eine persönliche Freiheit zu gewinnen, die von Elend und Tod bedroht ist. In der Armut sieht er keine Tugend an sich; er liebt die kleinen Freuden und Genüsse …, die er sich noch leisten kann. Sein Leben bietet ihm Luft und Wind, Sonne und Licht, freien Raum und eine große Leere. Diese Natur blieb unberührt von Menschenwerk und Gabenfülle: nur den Himmel droben und drunten die jungfräuliche Erde … und wer lange genug in der Wüste lebte, um ihrer endlosen Weite und Leere nicht mehr bewusst zu werden, der wurde unweigerlich auf Gott zurückgeworfen als einzige Zuflucht und Rhythmus des Seins.

THOMAS E. LAWRENCE

Achill Moser

MAGISCHE WÜSTEN

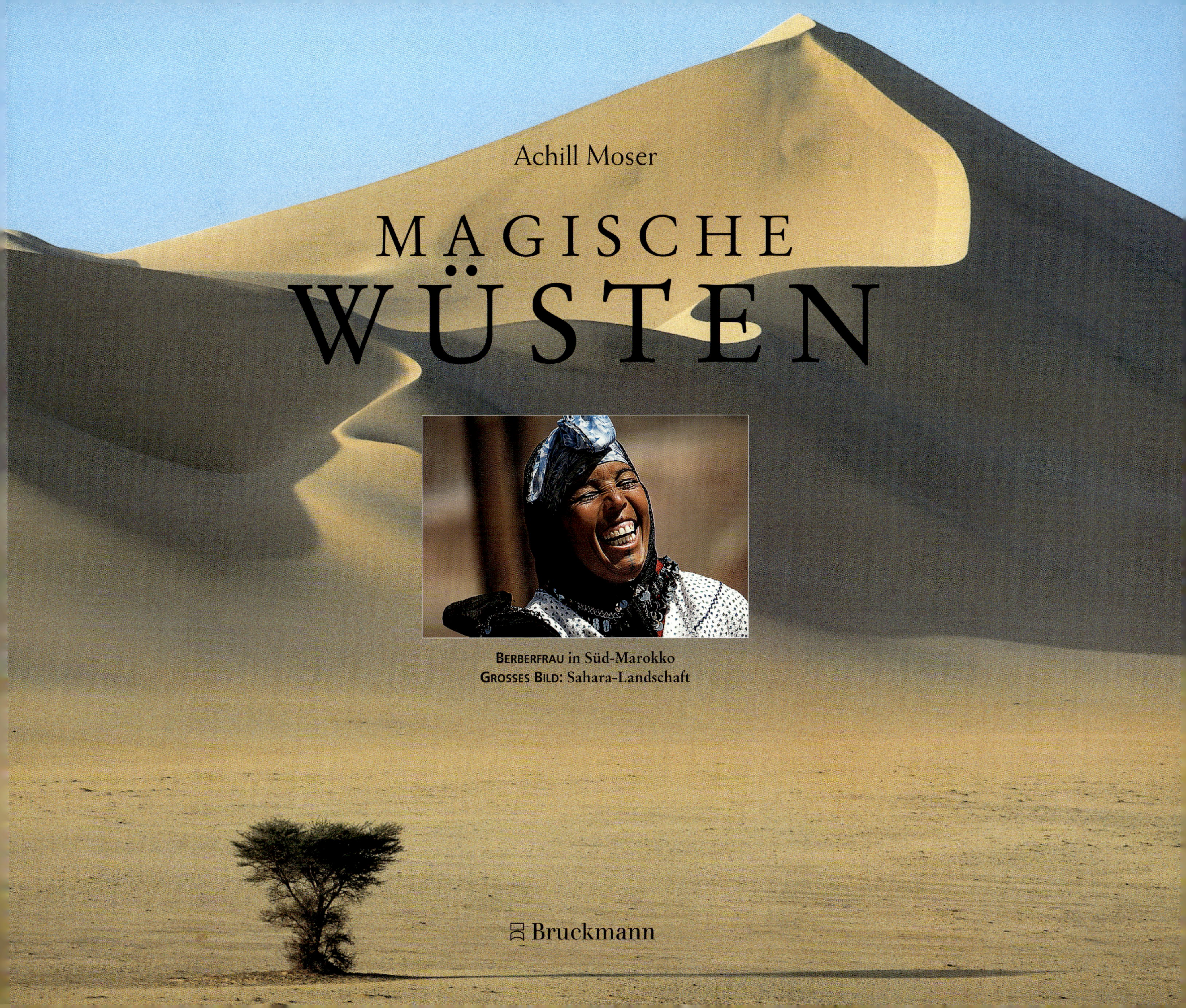

Berberfrau in Süd-Marokko
Grosses Bild: Sahara-Landschaft

Bruckmann

Auf über 30 Expeditionen von insgesamt fünfjähriger Dauer bereiste Achill Moser 24 Wüsten der Welt.

1 Sahara (Algerien)
2 Tanezrouft (Algerien)
3 Ägyptische Wüste (Ägypten)
4 Nubische Wüste (Sudan)
5 Chebbi Wüste (Marokko)
6 Nachorugwai Wüste (Kenia)
7 Kaisut (Kenia)
8 Namib (Namibia)
9 Kalahari (Botswana)
10 Ténéré (Niger)
11 Sinai (Ägypten)
12 Negev (Israel)
13 Judäische Wüste (Israel)
14 Odadahraun (Island)
15 Sprengisandur (Island)
16 Sierra Nevada (Spanien)
17 Takla Makan (China)
18 Wüste Gobi (China)
19 Dsungarei (China)
20 Turfan-Senke (China)
21 Badain-Jaran (China)
22 Tengger (China)
23 Ordos (China)
24 Great Kobuk Wüste (Alaska)

Inhalt

Magische Wüsten

Nur zehn Prozent der Sahara sind mit ausgedehnten Dünenmeeren bedeckt.

Die Wüste lässt mich nicht los. Zu phantastisch war meine erste Begegnung mit der grandiosen Ödnis Mitte der siebziger Jahre in Südmarokko. Nie werde ich vergessen, wie die Weite der Sahara ein Gefühl von Überschwang in mir auslöste, als sich ein schier grenzenloser Raum voller Wildheit und Erhabenheit vor mir ausdehnte: eine archaische Welt, die aufregender und bedeutsamer war als alles, was ich mir hatte träumen lassen.
Ich war hingerissen von der Widersprüchlichkeit der Wüste, vom empfindsamen Wechsel zwischen Faszination und Bedrohung. Hinzu kam die Vielgestalt wüster Weiten, die mich über alle Maßen gefangennahm und mir einen Zugang zu den wohl geheimnisvollsten Naturgroßräumen der Erde eröffnete, die seit undenklichen Zeiten von bizarrer Schönheit geprägt sind.

Achill Moser

Wüsten gab es schon lange vor dem Menschen. Sie beherrschten die kontinentalen Landmassen, seit die glutflüssigen Magmaströme auf der Erde erstarrten. Das war vor etwa dreieinhalb Millarden Jahren. Sehr viel später, vor rund 440 Millionen Jahren, verließen die ersten Pflanzen die Vorzeit-Ozeane. Ihnen folgte das tierische Leben, das die Festlandregionen eroberte. Gleichwohl ist noch heute ein Drittel unseres Planeten von Einöden geprägt, die zusammengenommen eine Fläche von mehr als dreißig Millionen Quadratkilometer umfassen. Augenfälligstes Charakteristikum all dieser Regionen, die größtenteils nördlich und südlich der Wendekreise des Steinbocks und Krebses liegen, ist die Trockenheit, hervorgerufen durch geringe Niederschläge, hohe Temperaturen und trockene Winde.

Kaum eine andere Region der Erde gibt uns soviel Aufschluss über die komplexe Entwicklungsgeschichte der Welt wie die Wüste, deren Millionen Jahre alten Zeugnisse in den ariden Zonen allgegenwärtig sind. Überdies bietet kein anderer Naturgroßraum so viele verschiedenartige Landschaften, die gleichermaßen von den Verlockungen und den Drohungen des Unbekannten erfüllt sind. Da gibt es ausgedehnte Sandmeere und schuttbeladene Hamadas, windgeschliffene Kiesebenen und staubgefüllte Wadibecken, zerklüftete Steinlabyrinthe und vulkanische Gebirge mit exotischem Kolorit. Bizarre Welten jenseits aller Erfahrung: maßlos, grenzenlos, zeitlos: Für die meisten Menschen gelten die Wüsten der Welt als Inbegriff für Lebensfeindlichkeit und Leere. Doch diese Vorstellung ist irreführend wie eine Fata Morgana. Denn im Inneren wüster Weiten gibt es nicht nur grandiose Szenerien voller Magie und Mystik, sondern auch vielfältige Lebensfülle: Da trotzen die unterschiedlichsten Wüstenvölker seit undenklichen Zeiten extremer Hitze sowie Kälte, und da überleben widerstandsfähige Tiere und Pflanzen durch perfekte Anpassung, die dem menschlichen Auge weithin verborgen bleiben: Neben zahllosen Echsen, Chamäleons und Spatenfußkröten, findet man auch Mücken, Ameisen, Moskitos, Spinnen und die schwarze Mörderwanze, die sich mit behaarten Beinchen geräuschlos dem Mensch nähert, um ihm Blut abzusaugen. Nicht zu vergessen der Wüstenfuchs (Fennek), der Goldschakal, die Dorkas-Gazelle, die Addax-Antilope, der Wüsten-Uhu und die Sporenschildkröte sowie Dutzende Arten von Vipern, von denen sich eine im Norden Kenias in meinem Rucksack verbarg. Zudem sind da noch die Wüsten-Skorpione, viele mit einem gefährlichen Stachel ausgerüstet, die zuweilen nachts in meine Stiefel krochen, wenn ich unter dem funkelnden Sternenmeer im Schlafsack lag. Ebenso abweisend oder giftig ist auch ein Großteil der Wüstenflora, die zumeist aus knorrigen unborstigen Pflanzen besteht. Vor allem unzählige Arten von Dornen setzen sich oft in der Kleidung fest oder bohren sich wie Nägel in das Schuhwerk.

Trotz all dieser Widrigkeiten und Gefahren habe ich seit einem Vierteljahrhundert auf über 30 Expeditionen von insgesamt fünfjähriger Dauer 24 Wüsten der Welt bereist und studiert. Mit Jeep und Lastwagen, auf dem Rücken von Maultieren und mongolischen Pferden reiste ich durch atemberaubende Urlandschaften, die sich tief in die Seele eingruben. Vor allem aber war ich zu Fuß und per Kamel unterwegs - in einer Geschwindigkeit, in der die Seele Schritt hält. Wie ein Nomade folgte ich vergessenen Karawanenwegen, uralten Pilgerpfaden und historischen Entdeckerrouten, die mich in eine ferne Vergangenheit führten - zu versunkenen Städten, rätselhaften Klöstern, geheimnisvollen Bilderhöhlen, prähistorischen Felsmalereien, versteinerten Wäldern und heiligen Kultstätten. Dabei reihte ich mich in die Phalanx derer ein, die lange vor mir auf traditionellen Routen die Einöden der Welt durchwandert und erforscht haben.

Im Gradnetz präziser Karten orientierte ich mich von Horizont zu Horizont, wobei mir uralte Überlieferungen auf meinen Wüstenrouten halfen. Sie gaben mir Aufschluss über das verschollene Erbe der Vergangenheit, ehe ich im Kosmos schwindelerregender Weite auf etwas Ungewöhnliches, Gewaltiges und nicht leicht zu Fassendes stieß, das für die Welt oft jahrhundertelang als verschollen galt, bis Archäologen, Forscher und Glücksritter jene sagenumwobenen Orte längst vergessener Wüstenkulturen aus dem Nebel von Legenden und Mythen befreiten.

Jede Reise in die Wüste war für mich auch eine spirituelle Reise. Denn seit jeher ist die Ödnis ein Quell religiöser Mystik. Hier nimmt das Göttliche Gestalt an und das Vergängliche vereinigt sich mit dem Ewigen. Drei monotheistische Weltreligionen haben ihren Ursprung in der Wüste - das Judentum, das Christentum und der Islam. Die Einöde als Ort der Verheißung, wo Religionsgründer wie Moses, Jesus, Buddha und Mohammed ihre Berufung und

Weisheit erhielten, und Zugang zu Gott fanden. Auch ich konnte über die Horizonte der ozeangleichen Räume hinaus einen Blick auf das Antlitz Gottes werfen und eine religiöse Kraft in mir finden. Zudem wünschte ich mir an vielen Wüstenorten einen weisen alten Mann zu treffen, der mir Wahrheiten über Sinn und Unsinn des Lebens offenbarte. Einen alten weisen Mann fand ich allerdings nicht. Dafür wuchs in den Begegnungen mit den verschiedenartigen Wüstenbewohnern – Beduinen, Tuareg, Turkana, Samburu, Rendille, Berber, Peul, Tadschiken, Uiguren und Kasachen – mein Bewusstsein für das Wesentliche. Ich habe nicht nur den Sinn für das Natürliche sowie die einfachen Dinge des Lebens schätzen gelernt, sondern auch erfahren, was wichtig und unwichtig ist. Wichtig ist das Elementare: Ein Schluck Wasser in flimmernder Hitze; ein Fladen Brot, wenn dich der Hunger quält; ein wärmendes Feuer in eisiger Nacht; ein lachendes Nomadengesicht, das dich ohne Fremdheit ansieht; ein paar aufmunternde Worte, wenn sich die unermessliche Einsamkeit als tiefer Abgrund auftut. Dazu die Sterne als Zuhörer, der Wind als Atem und die Weite als hoffnungsvolle Heimstatt.

Darüber hinaus ändern sich in der Wüste nicht nur die eigenen Wertvorstellungen, sondern auch die Strukturen des gewohnten Denkens. In der grenzenlosen Leere, wo es kein Gestern und kein Morgen gibt, sondern nur Gegenwart, denkst du ausschließlich an die nächsten Schritte, und an die Szenerie, die sich dir gerade bietet. Hier gibt es nichts was dich ablenkt. Logik und Wissen verblassen. Stattdessen dominieren Empfindungen und Gefühle. So wird die Wüste zur »Denklandschaft«, in der sich der eigene »Gedankenhorizont« verändert.

DIE WIEDERENTDECKUNG DER LANGSAMKEIT

Jahr um Jahr reiste ich immer tiefer in die sonnendurchglühten und ausgedörrten Teile der Erde, deren Zauber ich mich nicht entziehen konnte. Mehrmals durchstreifte ich die Sahara, die grösste aller Wüsten, ritt Seite an Seite mit blaugewandeten Tuareg durch das Taoudeni-Becken im Norden Malis und holperte im Geländewagen auf einer Waschbrettpiste durch die algerische Tanezrouft, das »Land des Durstes«, das über Hunderte von Kilometern nichts weiter als kieselsteinbedeckte Sandflächen bietet. In der Ägyptischen- wie auch in der Nubischen Wüste suchte ich nach Spuren alter ägyptischer Karawanen, die einst ins legendäre Goldland »Punt« reisten, um Gold für die Pharaonenkönige zu beschaffen. Dann folgte ich den Fährten des deutschen Afrikaforschers Gerhard Rohlfs (1831-1896) durch Marokko und querte das (alptraumhaft) schöne Dünenmeer der Chebbi Wüste, ehe ich in die nordkenianischen Einöden Nachorugwai und Kaisut zog, wo ich mit Samburu-Kriegern durch das Land unserer Vorfahren wanderte – zur Wiege der Menscheit.

Vielfältige Begegnungen mit der Großartigkeit wüster Landschaften machte ich zudem in der Namibwüste, ein eindrucksvolles »Nichts« im Südwesten Afrikas, sowie in der Kalahari (Botswana), jenem »großen Durstland«, in dem das steinzeitalte Sammler- und Jägervolk der Buschmänner lebt, und auch im Dünenmeer der Ténéré, die im Nordosten der Republik Niger liegt, und an deren Ostrand jahrhundertelang die großen arabischen Handels- und Sklavenkarawanen vom Mittelmeer bis zum Tschadsee entlang zogen.

Schließlich entsprach es den Gesetzen einer natürlichen Logik, dass ich nach der Durchquerung der Wüste Sinai, wo Moses aus den Händen Gottes die Zehn Gebote empfing, auch eine ausgedehnte Reise durch Israels heilige Wüste Negev unternahm, die von geradezu zeitloser Aussagekraft ist, ehe ich die Judäische Wüste durchstreifte, die vom Toten Meer und aus dem Jordangraben bis Jerusalem aufsteigt.

Ein ganz anderes Wüstenbild vermittelte sich mir im Herzen Islands, wo ich nicht nur die weiten Sand- und Ascheflächen der Sprengisandur Ödnis

RECHTE SEITE, OBERE REIHE: In der Wüste Gobi fahren die Uiguren mit dem Eselskarren zum Markt. Im Norden Kenias sind die Bienenkorbhütten der Turkana aus Stöcken und Palmblättern geflochten. Zwischen den hohen Dünen der chinesischen Mingsha Shan liegt der Mondsichelsee.
MITTLERE REIHE: In Israel klebt das Sankt-Georg-Kloster an einer schroffen Felswand. Der Gesichtsschleier der Tuareg, auch Litham genannt, soll nicht nur vor Sonne, Wind und Sand schützen, sondern auch vor bösen Geistern. Die Ruinenstadt Karachodscha liegt in der chinesischen Turfan-Senke – im 8. Jahrhundert war hier die Heimat des Manichäerreiches Kocha.
UNTERE REIHE: Timbuktus Sakralbauten erinnern noch heute an große Zeiten. Wenn ein Kamel stirbt, zieht die Karawane weiter. Das Skelett bleibt als Wegweiser zurück (Ténéré-Wüste). In den Sanddünen der Great Kobuk Wüste im Norden Alaskas fanden Archäologen traditionelle Werkzeuge und Waffen der Paläoindianer.

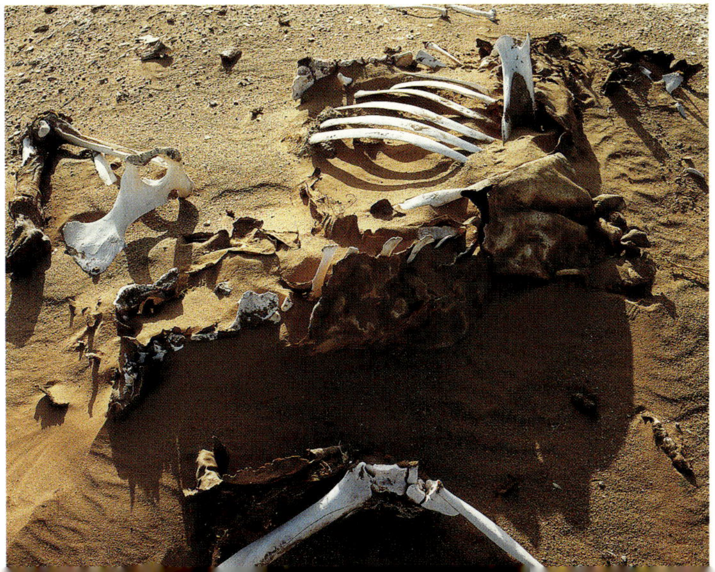

erlebte, sondern auch eine schwarze, von Kratern übersäte Mondlandschaft, die den Namen »Odadahraun« trägt – »Lavafeld der Missetäter«. Es ist die größte Lavawüste der Erde, in der sich früher Geächtete und Vogelfreie verkrochen, die in Höhlen und Lavagrotten dahinvegetierten, bis Hunger und Naturgewalten ihrem Leben ein Ende setzten. Auch im Süden Europas lernte ich die Exotik der Wüste kennen. In Spanien durchquerte ich die steinige und spröde Sierra Nevada, in deren durstigen Ebenen nur Disteln und zwergwüchsige Stechpalmen wachsen. Wundersames überall: Auch im Westen Chinas, wo ich in der Wüste Takla Makan, die als größtes zusammenhängendes Sandmeer der Erde gilt, den Spuren des schwedischen Forscherpioniers Sven Hedin folgte. Umschlossen von 7000 Meter hohen Gebirgsmassiven, sollen hier tausendundeine Stadt unter dem Sand verborgen liegen. Viele Sagen ranken sich auch um die Gobi, jene zentralasiatische Wüste, die die Einheimischen das »Große Schweigen« nennen. Immer wieder zog es mich in diesen schwindelerregenden Raum von unermesslicher Weite, wo mich wiederentdeckte Klosteranlagen und Überreste alter Städte, die oft jahrhundertelang unter Dünenmeeren begraben waren, für alle Beschwernisse des Wüstenlebens entschädigten.

Im Uhrzeigersinn von oben links: Ein Wandgemälde aus dem Kloster Bezeklik, das im 9. Jahrhundert entstand, zeigt drei uigurische Prinzen mit hoher Krone und Prunkgewand (Wüste Gobi). Wandmalerei im Terrassentempel der Pharaonin Hatschepsut, in der ägyptischen Wüste. Die Kaisut-Ödnis im Norden Kenias birgt der Welt größte Fundstelle von Hominiden-Zeugnissen. Surreal anmutende Felsmalereien zeugen von Alter und Niveau der Dogon-Kultur (Süd-Sahara).

Nicht zu vergessen die Wüste Dsungarei; das Land der Tadschiken, Kasachen und Dunganen, das in Sinkiang (Ostturkestan) liegt, Chinas grösste Provinz. Diese von Aufständen und Unruhen zerrissene Region war lange Zeit Sperrgebiet für Ausländer. Immer wieder kam es zu blutigen Auseinandersetzungen. Besonders während der Kulturrevolution, als die Roten Garden in diese Region Einzug hielten und die allgemeine Rassenvermischung forderten, erhoben sich die Turkvölker, die eine ihnen unumgängliche Apartheid einhalten, und setzten sich mit der Waffe in der Hand zur Wehr.

Im Süden Sinkiangs studierte ich zudem die wüstenhafte Turfan-Senke. Es ist das Land der Uiguren; ebenfalls ein Turkvolk, dessen Sprache dem Türkischen eng verwandt ist. Mit 154 Metern unter dem Meeresspiegel gilt die Turfan-Senke als einer der tiefstgelegenen Flecken der Welt. Im sogenannten »Keller der Erde«, wo windzernagte Lehmruinen von Karawansereien mit mysteriösen Ruinen alter

Tempel wechseln (allesamt reich an Fresken, Statuen und Schriftrollen, die einen faszinierenden Einblick in tausend Jahre buddhistischer Kultur geben), bekam ich das »Land des Feuers« am eigenen Leib zu spüren. Hier steigt im Sommer die Temperatur bis auf 60 Grad Celsius, und der Sand heizt sich bis zu 87 Grad auf.

Auch in den chinesischen Wüsten Badain Jaran, Tengger und Ordos gab es viel zu staunen und zu entdecken.

Mit dem Wüstenschiff durchritt ich diese sagenumwobenen Einöden – auf den Spuren von Dschingis Khan, jenem grausamen Mongolenherrscher, vor dessen ungezähmten Reiterhorden einst die halbe Welt erzitterte und von dem eine Sage berichtet, er sei der Sohn des blauen Wolfes, der sich auf Wunsch des Allmächtigen mit einem weißen Reh vermählte.

Mystische und historische Blickwinkel boten sich mir in der Großen Kobuk-Wüste im Norden Alaskas – eine Wüste mit vornehmlich polarem Klima. Sturm, Regen und Nebel sind die charakteristischen Merkmale dieses nördlichsten Sandmeers der Erde, das der Wind bereits vor 33 000 Jahren aus hellem Flugsand geformt hat. In jenen fernen Tagen waren hier schon die ersten Amerikaner, die Paläoindianer, unterwegs, als sie aus dem Inneren Asiens über die ehemalige Bering-Landbrücke nach Alaska kamen und Amerika lange vor Kolumbus eroberten. Was die »Früh-Indianer« auf ihrem Weg an Waffen und Werkzeugen hinterließen, wurde mittlerweile gefunden, wodurch diese Gegend zu einer der bedeutensten archäologischen Fundstätten der Arktis wurde.

Bis zu 3000 Meter hoch: Die Basaltpfropfen einstiger Vulkane in der saharischen Gebirgswüste.

Das »Wie« des Unterwegsseins war auf all meinen Wüstenreisen ebenso bedeutungsvoll wie das Erleben geschichtlicher Vergangenheit. Nie habe ich es bereut, den Geländewagen am Rand der Wüste zurückzulassen, um zu Fuß oder auf dem Kamel durch die gen Himmel stürmenden Weiten zu ziehen. Nur so konnte ich hautnah die Vielgestaltigkeit der Einöden erleben; auch das Dasein der nomadisierenden Wüstenbewohner, die meine traditionelle Art der Fortbewegung schätzten. Sie begegneten mir meistens mit großer Offenheit und luden mich ein, in ihre Zelte, Hütten oder Häuser zu kommen, um an ihrem Leben teilzuhaben.

Erst mit den Jahren wurde mir klar, dass die Wünsche und Hoffnungen der unterschiedlichen Nomadenvölker ebenso zu der jeweiligen Ödnis gehören wie die gegensätzlichen Landschaften und die in der Einsamkeit lebenden Tiere und Pflanzen. Selbst die Stimmen des Windes sind in den verschiedenen Arealen der Trockenheit völlig andersartig: Da hört man es flüstern und wispern, säuseln und raunen. Und manchmal faucht

Links: Wüste Gobi – Zwischen Geröll und Sand trotzen vereinzelte Pflanzen den widrigen Bedingungen.
Rechts: In einem Meer aus Stein und Sand sind kleine Palmenwäldchen im Sinai oft das einzige Zeichen von Leben.

und orgelt es. Dann bricht ein Sturm los, der Angst und Schrecken verbreitet: Ich weiß noch, wie mich in der Wüste Gobi im Nordwesten Chinas ein schwerer Sandsturm überfiel. Innerhalb weniger Minuten war der Horizont wie ausradiert, verschluckt von einer mächtigen Staubwalze, die wie ein tanzender Derwisch heranrollte. Gewaltige Staub- und Sandmassen, die der Wind in aschfahlen Kaskaden vor sich hertrieb, überfluteten die Erde, während die Luft von einem schrillen Pfeifen und Knistern erfüllt war. Land unter. Augenblicke, in denen ich nur noch Sand sah, Sand hörte, Sand spürte, als die drei Kamele, mit denen ich unterwegs war, niederknieten und dem Sturm die Kehrseite boten. Rasch befeuchtete ich ihre Lefzen mit Wasser, ehe ich mir ein nasses Tuch vors Gesicht band und Schutz hinter den langhaarigen Kamelrücken suchte, die zu regelrechten Brandungsbrechern wurden, als haushohe Sandwogen an ihren Körpern zerstoben.

Linke Seite (im Uhrzeigersinn von oben links): Im Wadi Nafach (Sinai), wo ein belgischer Künstler riesige Felsklötze blau bemalte, wirkt die Landschaft wie ein fremder Planet. In der Negev-Wüste beherrschen bizarre Sandsteinfelsen das Timna-Tal nördlich von Eilat.
In der isländischen Odadahraun Wüste erhebt sich der 1682 Meter hohe Herdubreid aus einem riesigen Stein- und Lavafeld. Die Sierra Nevada gilt als heißeste Region Spaniens. Schroffe Felsmassive und spröde Ebenen, nur von Disteln und zwergwüchsigen Stechpalmen bewachsen, prägen das Antlitz der durstigen Weiten Andalusiens.

Glücklicherweise schwächte der Sturm nach zwei Stunden ab, doch der aufgewirbelte Staub blieb: Unmöglich, den Kompasskurs zu halten. Ich musste warten, versorgte die Tiere und schlüpfte ins Biwak. Fast 60 Stunden war ich im Sandnebel gefangen, ehe die Grauschwaden verschwanden - und ich meinen Weg wieder aufnehmen konnte in einem leeren, flachwelligen Ozean aus Sand und Gestein.

Manchmal war ich Wochen oder Monate zu verborgenen Ruinenstädten und heiligen Klosteranlagen unterwegs, die sich in den einsamsten Wüstenregionen befinden. Fernab »unserer Städte, den Endprodukten unserer totalen Vernunft,« wie Heinrich Böll einmal schrieb, fand ich die ganze Intensität des Lebens. Ich erlebte Wüstentage voller irrwitziger Glücksmomente und fühlte mich zuweilen wie ein gottestrunkener Mystiker, der so nahe an den Träumen war, dass es fast süchtig machte. Keine andere Region der Erde löst so viele Emotionen aus wie die Wüste. Von rauschhaften Glückszuständen bis zu abgrundtiefer Angst: Das Spektrum umfasst alle Facetten unserer Gefühlswelt.

Besonders nachts, wenn in tiefster Finsternis kein Stern in der Milchstraße funkelte, wurde ich mir auch der Aggressivität der Wüste bewusst, die wie ein lauerndes, gefährliches Tier dalag, zum Sprung bereit … Anderntags fühlte ich mich wie eine Ameise im ewigen Nichts. Es folgten Tagträume und Visionen: In flimmernder Weite verschwamm die Horizontlinie und ich sah üppige Bäume und saftig grü-

Im Wüstensturm: Mit bis zu zehn Windstärken fegt der Sturm durch die grandiose Einöde. Ich versuche mein Biwak aufzubauen – doch wilde Böen reißen die Leinen wieder los.
Rechts: Mit Kamelen durch Chinas Wüste Badain-Jaran. Geduldig tragen die Tiere alle Lasten.
Grosses Bild: Durch die Wogen eines formschönen Sandmeeres erreiche ich mit Sajid, einem ortskundigen Beduinen, die blauen Fluten des Golf von Akaba. Wie im Scherenschnitt erstreckt sich die Bergwelt Saudi-Arabiens jenseits der geschichtsträchtigen Wasserstraße.

Von links nach rechts: Auf biblischen Spuren in der Wüste Sinai, zwischen endlosen Dünenketten und zerklüfteten Bergmassiven.
Mit einer kleinen Karawane entlang des Uaso Nyiro Flusses zur »Wiege der Menschheit«.
Galoppierende Zebras wirbeln in der Wüste Namib den Staub der trockenen Pisten auf.

Schattenspiele in den Dünenketten der Mingsha Shan, die zum Naturgroßraum der Wüste Gobi zählen.

Die von Sonne und Wind zerstörten Bäume wirken in der Sahara sowie in der Wüste Negev wie skurrile Kunstwerke.

ne Wiesen, die aus glasklaren Seen wuchsen: Bilder, die sich ins Surrealistische steigerten, wenn die Fata Morgana gefährliche Sinnestäuschungen vorgaukelte. Das sind Augenblicke im Wechselbad der Gefühle, in denen man sich fragt: Worin liegt eigentlich die magische Verlockung der Wüste? Ist es die meditative Weite, die unwirtliche Schönheit, die geheimnisvolle Stille, die Begegnung mit der fernen Vergangenheit, das archaische Lebensgefühl, das glasklare Gesprenkel der Milchstraße? Ist es vielleicht sogar jene abweisende Fremdheit, deren Beklemmung Zauber ist? Oder ist es die Spannung des Ungewissen, gar die hoffnungsvolle Nähe Gottes?

All das, was ich in einem Vierteljahrhundert in den Wüsten der Welt sah und erlebte, hat mein Leben sowie mein Denken entscheidend geprägt und verändert. Vor allem habe ich erfahren, dass die Wüsten in uns selbst zeigen, wer wir sind. Sie geben Auskunft über unser Verhältnis zur Natur, vermitteln atemberaubende Bilder, die einem erdgeschichtlichen Tagebuch gleichen, und prägen Gefühle von Ehrfurcht, Demut und Dankbarkeit. Die Wüste ist ein Naturgroßraum, in dem »niemand leben kann ohne verändert daraus hervorzugehen« (Wilfred Thesiger). Jeder Wüstenreisende »wird für immer, mehr oder weniger deutlich, das Zeichen der Wüste, das Zeichen des Nomaden tragen; und er wird immer das Heimweh nach diesem Land spüren, leise und brennend, je nach seiner Veranlagung. Denn dieses grausame Land kann einen Zauber ausüben, dem ein gemäßigtes Klima nichts Vergleichbares entgegenzusetzen hat.«

Mit den vorliegenden Fotos und Texten möchte ich die landschaftliche Vielfalt der Wüsten sowie die entschwindende Exotik unterschiedlicher Wüstenbewohner »vor Augen führen«. Hierbei stellt mein Buch keinen Anspruch auf Vollständigkeit, will nicht alle Wüsten der Welt beschreiben und fotografisch darstellen. Meinen Maßstab sah ich vielmehr darin, Beispiele des Phantastischen und Außergewöhnlichen zusammenzustellen. Dabei fiel meine Wahl auf fünf Wüsten, die mich am stärksten in den Bann gezogen haben – und die in mir ein unstillbares Verlangen nach wüsten Weiten bewirkten: die Wüste Sinai in Ägypten, die Wüste Gobi in China, Islands Lavawüste Odadahraun, die Kaisut-Wüste im Norden Kenias und die Sahara in Algerien – Urzeitlandschaften von gewaltiger Dimension, die für mich eine Quelle der Inspiration sind und meine Phantasie zu immer neuen Unternehmungen beflügeln.

Achill Moser

Sinai – Dem Himmel ganz nah

Wild zerklüftete Berglandschaft im südlichen Sinai.

»Am dritten Tag, als es Morgen geworden war, brachen Donner los, und Blitze zuckten, schweres Gewölk hing über dem Berg, und.... Moses führte das Volk Gott entgegen … Sie stellten sich am Fuß des Berges auf. Der Berg Sinai war ganz mit Rauch bedeckt, weil der Herr im Feuer auf ihn herabgekommen war. Der Rauch stieg wie der Rauch eines Schmelzofens auf. Der ganze Berg zitterte gewaltig. Der Posaunenschall ward stärker und stärker. Moses redete, und Gott anwortete ihm unter Donnerschall. Der Herr war auf den Sinaiberg, und zwar auf die Spitze, herabgekommen. Er rief den Moses auf die Spitze des Berges, und Moses stieg hinauf.«

2. Mose - Exodus 19 (16)

Aus der Vogelperspektive betrachtet gleicht die Wüste Sinai, die zwischen dem Golf von Suez und dem Golf von Akaba liegt, fest verankert mit den Kontinenten Afrika und Asien, einem riesigen Dreieck. Ein 62000 Quadratkilometer großer Faltenwurf der Urnatur, der lange vor der ersten Dynastie der Ägypter von Nomaden bewohnt war. Sie verfügten über ein erstaunliches Anpassungsvermögen in der Einöde und sind als »Herren des Sandes« überliefert, was »proto-sinaitische Inschriften« auf der Halbinsel beweisen. Seit jenen fernen Tagen nutzten viele Hochkulturen die Wüste Sinai als brückenhaften Korridor zwischen Ost und West. Schon Alexander der Große, die Nabatäer, die Römer und die Kreuzritter marschierten auf der berühmten »Philisterstraße«, und noch heute pilgern jedes Jahr zigtausend gläubige Moslems auf der »Straße von Sur«, die von Suez über den Mitla-Pass bis nach Akaba reicht, gen Mekka. Zudem verläuft hier die Straße des Exodus – jene vermeintliche Marschstrecke der Kinder Israels, die Moses in biblischer Zeit aus der ägyptischen Sklaverei führte. Eine Odyssee, die vierzig Jahre währte, ehe das Volk der Israeliten ins verheißene Land Kanaan kam.

Wer heute den Spuren des Moses nachgehen will, kann zwischen mehreren Wegen und Theorien wählen, denn der genaue Verlauf des Auszugs aus Ägypten ist nicht bekannt. Ich entschied mich für jene denkbare »Südroute«, die von Suez über die Oase Feiran zum Berg Sinai (arabisch: Dschebel Musa) führt und weiter über Eilat bis ins Gelobte Land. Begleitet wurde ich von Carsten Wulff (Fotograf) und dem achtzehnjährigen Sajid; einem ortskundigen Beduinen, der mit weitem Gewand, weißem Kopftuch und arabischem Krummdolch wie eine Gestalt aus Tausendundeiner Nacht wirkte.

AUF BIBLISCHEM BODEN

Anfang November, wenn die mörderische Sommerhitze abflaut, tauchten wir mit drei Dromedaren, die Proviant, Wasser und Camping-Equipment trugen, in die Wüste Sinai ein. In dieser bizarren Welt aus Felsen, Geröll und Sand, die seit Jahrtausenden an den Erdtrabanten erinnert und schon von den Chaldäerern den Namen »Sin« (»Mond«) erhielt, herrscht noch heute der Geist der Bibel. Fortan bewegte sich unsere kleine Karawane auf den sinnfälligen Spuren des Alten Testaments. Es ging über terrassenartige Felsparcours, steile Berghänge und ausgetrocknete Flussbetten, in denen der brüchige Verwitterungsschutt unter den Schritten der zentnerschweren Dromedare wie Blätterteig auseinanderplatzte. Sajid sang beim Gehen. Eintönige Lieder, die für die Menschen der Wüste eine zweite Sprache sind. Sie durchbrechen die ewige Stille und verscheuchen die Einsamkeit, während sich jenseits unserer Marschlinie die scheinbare Monotonie stetig wandelte: Da war der »Coloured Canyon«, ein gigantisches Sandsteinmassiv mit windgeschliffenen Felswänden, die bis zu 60 Meter aufragen. Hier schuf die Natur feinziselierte Erosionsgemälde nie gesehener Farben und Formen. Bilder wie aus den Schöpfungstagen dieser Erde. Ebenso phantastisch das Wadi Nafach. Ein 14 Quadratkilometer großes Tal voller grandioser Gesteinsblöcke, die der belgische Aktionskünstler Jean Verame 1980 monatelang abschmirgelte, grundierte und mit 13 Tonnen blauer Farbe bestrich, der Farbe des Friedens. Dann das verwitterte Zentralmassiv des Sinai, wo sich Felszyklopen und Dome aus Granit, Porphyr und Sandstein bis zum Horizont übergipfeln. Neben dem Dschebel Katharin, mit 2642 Metern der höchste Berg der Halbinsel, besitzt vor allem der Dschebel Musa (2285 m) die Bedeutung als Wallfahrtsort. Es ist der vermeintliche Berg Horeb, wo sich Jahwe vor mehr als 3000 Jahren Moses offenbarte und ihm die Zehn Gebote mit dem Finger in die Steintafeln schrieb. Unweit dieses denkwürdigen Ortes, 700 Meter tiefer, soll Gott im Schuttkegel der morschen Nordflanke aus einem brennenden Dornbusch zu Moses gesprochen haben: »Ziehe deine Schuhe von den Füßen, denn der Ort, darauf du stehst, ist heiliges Land!« An gleicher Stelle ließ Helena, die Mutter Konstantins, im Jahr 330 eine Kapelle bauen. Der römische Kaiser Justinian I (527-565) sorgte dafür, dass die Anlage zu einer monumentalen Festung ausgebaut wurde. So entstand im Jahr 557 das Katharinenkloster; das einzige Gebäude der Welt, das seit 1400 Jahren ununterbrochen bewohnt ist – ein Hort christlichen Glaubens inmitten islamischer Welt.

Ebenfalls im 6. Jahrhundert erhielt das Wüstenkloster seinen Namen: Da die Propheten Moses und Elias auf dem Berg Horeb mit Gott während seiner Verklärung gesprochen hatten, nannte man die Klosteranlage »Kirche der Verklärung des Heilands Christus«. Als Katharinenkloster wurde das christliche Bollwerk erst viel später bekannt. Der Name ist eng mit der heiligen Katharina verbunden. Sie war 294 n. Chr. als Dorothea in Alexandrien geboren worden, wo sie nach dem Schulbesuch Philosophie, Physik, Mathematik, Astronomie, Medizin, Dichtkunst und Musik studierte, ehe ein syrischer Mönch sie mit Jesus Christus vertraut machte. Bald darauf trat sie zum Christentum über und wurde auf den Namen Katharina getauft. Während der Christenverfolgung – zu Beginn des 4. Jahrhunderts – bekannte Katharina öffentlich ihren Glauben und beschuldigte den Kaiser Maximinus des Götzendienstes. Dieser rief fünfzig Weise aus seinem Reich herbei, die Katharina von ihrem Glauben abbringen sollten; stattdessen gelang es ihr, die Weisen zum Christentum zu bekehren. Und selbst unter der Folter war es Katharina noch möglich, Mitglieder der kaiserlichen Familie sowie des römischen Adels für ihren Glauben zu gewinnen. Nach ihrem Tod, so erzählt eine Legende, wurde ihr Leichnam von Engeln auf den Gipfel des höchsten Berges im Sinai getragen, der seitdem ihren Namen trägt. Erst drei Jahrhunderte später sollen Mönche ihre sterblichen Überreste gefunden und in das Kloster gebracht haben. Bald darauf wurde Katharina heilig gesprochen und das »Kloster der Verklärung« in »Katharinenkloster« umbenannt.

Die 20 Mönche des Katharinenklosters beherbergen heute hinter 15 Meter hohen Steinmauern einen einzigartigen Wüstenschatz von 2000 Ikonen sowie die größte und älteste Bibliothek der griechisch-orthodoxen Kirche, die an Wichtigkeit nur der des Vatikans nachsteht. Das wertvollste Buch der Klosterbibliothek, der »Codex Sinaiticus« (eine griechische Übersetzung einer handschriftlichen Bibel aus dem 4. Jahrhundert), befindet sich jedoch nicht mehr im Besitz der Mönche. 1865 wurde es an den deutschen Gelehrten von Tischendorf entliehen, der es zu Forschungszwecken an den russischen Zaren nach St. Petersburg schickte, von wo das Buch niemals zurückgesandt wurde. Erst 1933 tauchte der »Codex Sinaiticus« wieder auf: Die Russen verkauften das Buch für eine halbe Million Dollar an das Britische Museum in London, wo es noch heute ist.

Im großen Klostergarten, der sich wie ein langgestrecktes Dreieck in das Wadi-el-Dair dehnt, und der mit Zypressen, Oliven, Weintrauben, Aprikosen-, Pflaumen-, Orangen- und Kirschbäumen einer wunderbaren Oase gleicht, befindet sich der Friedhof der Mönchsgemeinde. Die Grabstätten sind für die verstorbenen Glaubensbrüder allerdings nur eine Art Zwischenstation. Nach etwa drei Jahren werden die sterblichen Überreste im »Beinhaus« aufbewahrt, wo sich mittlerweile mehr als 1500 Schädel in einem weißgetünchten Raum türmen.

Gleich hinter dem Katharinenkloster führen zwei Wege zum Gipfel des Dschebel Musa: eine Treppendiretissima mit 3750 Stufen, die die Mönche in den Fels gehauen haben, sowie ein schmaler, schotterbeladener Serpentinenpfad; der sogenannte »Sikket Saidam Musa«, der »Weg unseres Herrn Moses«, den auch wir wählten, um den Sonnenaufgang in der Felswüste zu erleben. Drei Stunden brauchten wir bis zur Gipfelkapelle. Dann standen wir fröstelnd im Wind. Im Osten, jenseits des Roten Meeres, hinter dem Scherenschnitt der Berge Saudi-Arabiens, stieg der dämmernde Tag aus dem Erdschatten. Im Nu färbte sich der Himmel von orangegelb bis violettrot – ein Licht, das eine magische Brücke in die Vergangenheit schlug; als wäre kein Tag vergangen seit jener Zeit, als Moses den Dekalog entgegen nahm.

Darüber hinaus bestimmte die Wüste Sinai nicht nur das geistige, sondern auch das politische Schicksal der Menschen: 1967 von Israel besetzt, wurde die Halbinsel 1979 wieder an Ägypten zurückgegeben. Mehr als 6000 jüdische Siedler mussten den Landkeil zwischen Afrika und Asien verlassen. Seitdem wurde die Wüste fast nur sich selbst überlassen – ein geheimnisvoller Raum, der viel mehr ist als nur eine geographische Erscheinung: ein Korridor zwischen den Zeiten, wo man dem Himmel ganz nahe ist.

RECHTE SEITE: Sinai-Beduine beim Brotbacken. Während die rechte Hand eine Blechschüssel hält, knetet die Linke einen zähen Kloß aus Mehl, Backpulver, Salz und Wasser. Anschließend wird der Teig auf einem groben Leinentuch ausgerollt und unter die heiße Asche eines heruntergebrannten Lagerfeuers gelegt, so dass der Brotfladen von allen Seiten Hitze erhält.

Im »Tal der blauen Berge«: Anlässlich des Friedensabkommens von Camp David bestrich der belgische Künstler Jean Verame im Jahr 1980 im Wadi Nafach riesige Felsklötze mit blauer Farbe. So entstand eine Szenerie, die die Kulisse eines Science-fiction-Films abgeben könnte.

Zweieinhalbtausend Meter hohe Gebirgszüge wechseln auf der Sinai-Halbinsel mit gewaltigen Gesteinsmoränen, geborstenen Blockmeeren und vegetationslosen Schotter- sowie Sandflächen.

Wer in dieser so imposanten wie bizaren Natur leben will, muss Beduine sein: Die Wüste duldet nur Nomaden, ihr Vieh, sonst nichts.

Baraka

DIE BEDUINEN DES SINAI leben am Rand der Neuzeit. Viel Zeit widmen sie ihren Kindern, ihren Schaf- und Ziegenherden sowie der Suche nach Weide- und Wasserstellen. Ihren Gästen bieten sie nicht nur stark gesüßten Tee an, sondern auch »Fatta« (gebratenes Lammfleisch mit Reis und Fladenbrot). Die Frau nimmt dabei ihren Qatif, den Schleier, niemals vor einem Fremden ab.

DÄMMERUNG im Zentralgebirge des Sinai.

Mit dreizehn Tonnen blauer Farbe, im Geländewagen herbeigeschafft, schuf der belgische Künstler Jean Verame im Wadi Nafach eine ebenso irritierende wie inspirierende Atmosphäre.

Nahe der Gipfelkapelle des Dschebel Musa, einer der bedeutendsten Wallfahrtsorte der Christenheit, zelebrieren Pilger aus aller Welt ihre Gebete.

Linke Seite: Die griechisch-orthodoxen Mönche des festungsgleichen Katharinenklosters, am Fuße des Berg Moses gelegen, beherbergen kostbare Ikonen, Mosaiken und Buch-Raritäten. Hier, wo Gott ehemals durch das Feuer eines brennenden Dornenbusches zu Moses gesprochen haben soll, befinden sich heute die Wohnstätten der Asketen. Im angrenzenden Klostergarten, wo Wein, Zypressen, Zitronen- und Orangenbäume blühen, werden im Beinhaus seit 1300 Jahren die Schädel der verstorbenen Mönche aufbewahrt, da der Erdboden zu felsig ist, um Gräber auszuheben.

Sonnenaufgang am Dschebel Musa, der inmitten des Zentralsinai 2285 Meter aufragt.
Linke Seite: Wenn die Morgendämmerung über der Wüste Sinai einzigartige Farbkaskaden komponiert, bietet sich vom Berg Moses eine grandiose Fernsicht. Im Osten reicht sie über den Golf von Akaba bis Saudi-Arabien und im Westen über den Golf von Suez bis Ägypten.

Die Wildnis des Sinai besteht größtenteils aus labyrinthisch zerklüfteter Felswüste, die aus der Luft wie eine außerirdische Mondlandschaft wirkt.

Auf dem Gipfel des Dschebel Musa soll Moses vor mehr als 3000 Jahren aus Gottes Händen die Tafeln mit den Zehn Geboten erhalten haben, die den Grundstein für drei Religionen bilden: Judentum, Christentum und Islam.

Mit bunten Plastikkanistern schmücken Beduinen vielerorts skurrile Bäume, die vom extremen Klima bedroht sind.
RECHTE SEITE: Die Wasserstelle von Ain-Khudra, wo leuchtendes Grün erblüht, gilt den Beduinen als Insel im weiten Sand- und Steinmeer.

Eine grandiose Felsszenerie mit kesselartigen Abstürzen bildet das Rückgrat des »Coloured Canyon«: eine phantastische Schlucht, in der zuweilen riesige Felsquader den oft nur schulterbreiten Weg versperren.
Rechte Seite: Verschiedenartige Sandsteinschichten, von der Erosion in Jahrtausenden freigelegt, offenbaren farbenprächtige Naturgemälde, die dem Canyon seinen Namen gaben.

Den Kampf mit der Erosion werden die imposanten Gesteinsblöcke im »Tal der blauen Berge« irgendwann verlieren: Sie werden zerbersten und dem Sandstrahlgebläse zum Opfer fallen.

Gobi – Zu den Heiligtümern der Seidenstrasse

Der stetige Wind formt den Sand zu abstrakten Reliefs und wellenförmigen Mustern.

»Gestern noch waren wir am Fuße des Lang-Shan, dort, wo teppichartige Faltengebirge gegen den alten kristallinischen Sockel Chinas Sturm laufen. In diesem Augenblick – soll ich es sagen? – zog mich der Norden wie ein geliebtes Wesen an. Noch einige Abschnitte, dachte ich, durch diese grauen, offenen Weiten vor uns, noch einige Stufen dieser Gebirgssteppen überschreiten, von der wir bereits zwei Absätze erklommen haben, und der Zutritt in die Einsamkeit der Wüste Gobi ist erreicht, der Eingang in ein vollständig geheimnisvolles Land.«

Teilhard de Chardin

Gobi, was klingt da nicht alles mit? Schon das Wort schmeckt nach Geheimnis, Gefahr und Abenteuer. Man denkt an flimmernde Hitze und eisige Kälte, an Dschingis Khan, Marco Polo und Sven Hedin; denkt an fremdartige Bilder von wilden Reiterhorden, weißen Filzjurten, geheimnisvollen Karawansereien und unendlichen Gras-, Sand-, und Steinlandschaften, über denen sich das Himmelsblau bis zum Horizont spannt. Noch heute gilt die Gobi weitgehend als Terra incognita – als unbekanntes Land.

Der Name dieser großen zentralasiatischen Wüste stammt aus dem Mongolischen und bedeutet soviel wie »flaches Becken« oder »große Wanne«. Genau genommen gibt es mehrere »Gobis«: Die »schwarze Gobi«, deren Antlitz steinige Ebenen und dunkelglitzerndes Geröll prägen, dann die »rote Gobi«, deren Gelände von labyrinthisch zerklüfteter Oberfläche zerschnitten ist, und die »gelben Gobis«, die vielfach als »Shamo« (Sandmeer) bezeichnet werden, wo sich komplexe Dünenwogen ohne pflanzliches Leben dehnen.

Auf der Landkarte gleicht die Wüste Gobi einem elipsenförmigen Körper von geometrischem Regelmaß, dessen mittlere Länge etwa 2000 km misst. Mitten durch diesen gewaltigen Naturgroßraum, in dem sich visuelle Sensationen jagen, verläuft die mongolisch-chinesische Staatsgrenze. Eine Trennungslinie, die die Wüste in zwei unwirtliche Landschaften teilt. Während der Norden der Gobi, wo semiaride Steppenregionen in die Vollwüste übergehen, sich auf dem Territorium der Mongolischen Volksrepublik erstreckt, liegt der südlichere Teil im nördlichen China: ein Landstrich mit riesigen Dünenarealen, deren Sandwogen bis zu 200 Meter anwachsen. Schutt- und Geröllebenen wechseln hier

mit Jahrmillionen alten Felsformationen, die über 4000 Meter aufragen (Karlik Shan 4925 m).

Besonders imposant sind die so genannten »Flammenden Berge« (1852 m) in der chinesischen Provinz Sinkiang – ein purpurrotes Sandsteinmassiv, das sich über 90 Kilometer von Ost nach West erstreckt und in der Abenddämmerung wie Feuer lodert. Es heißt, hier sei die Hitze im Sommer so groß, dass selbst Vögel nicht über diese Bergkette fliegen, aus Angst ihre Flügel zu versengen.

Ebenso faszinierend wie beängstigend sind die Sandstürme der Gobi, die gelegentlich dem Gluthauch der Hölle wie auch dem Eisatem eines Gletschers gleichen. An rund hundert Tagen im Jahr rasen sie mit unheildrohender Kraft übers Land und zerstören alles, was sich ihnen in den Weg stellt. Einheimische bezeichnen diese Region gerne auch als »Windkammer Asiens«.

Solche und ähnliche Naturphänomene sind in der Wüste Gobi Gegenstand unzähliger Legendenbildungen, in denen sich Realität und Phantasie unentflechtbar vermischen. In zeitgenössischen Reisebeschreibungen wimmelt es nur so von Schreckensfiguren und bösen Geistern, die in das Innere der Gobi projiziert wurden. Da hörte ich von Karawanen, die mit einem Vermögen an Gold, Seide und Gewürzen in der grenzenlosen Weite verloren gingen; und ich erfuhr vom verborgenen Königreich »Shambala«, dessen Paläste und Goldvorkommen man unter den Sandwogen der Gobi vermutet. Letztlich erzählten mir Uiguren, dass alte Wölfe sich zum Sterben an einen weltentlegenen Ort zurückziehen, an dem ein verborgener Schatz liegen soll.

DIE HÖHLEN DER TAUSEND BUDDHAS

Bedeutsame Höhepunkte meiner Gobi-Expeditionen fand ich an der Nordroute der Seidenstraße, die durch die westchinesische Provinz Sinkiang verläuft. Dort zogen mich buddhistische Klosteranlagen und uralte Ruinenstädte in Bann. Vor allem die prächtigen Höhlentempel von Dunhuang bieten einen guten Einblick in das historische Tagebuch der Seidenstraße: Zwischen welligen Sanddünen kleben hier Bildergrotten und Mönchszellen wie Bienenwaben an einer schroffen Bergwand, nur fünfzehn Kilometer von der gleichnamigen Oase entfernt, die mit Pappeln, Ulmen und Eschen umfriedet ist. Seit jeher waren die Höhlen von Dunhuang, auch Mogao-Grotten genannt, ein Zentrum der Andacht und der

Danksagung. Karawanenführer beteten hier und ersuchten die Götter um Schutz, ehe sie ihre Handelsreisen um die westchinesischen Wüsten antraten.

Zwischen dem vierten und dem vierzehnten Jahrhundert, zur Blütezeit der alten Seidenstraßen, entstand auch Dunhuangs Heiligtum der Buddhisten. Damals wurden auf den legendären Karawanenstraßen nicht nur wertvolle Handelswaren zwischen Europa und Asien transportiert, sondern auch kulturelle und ethnische Strömungen sowie unterschiedliche Glaubensrichtungen: der Buddhismus aus Indien, der Manichäismus und Nestorianismus aus Byzanz, der Zoroastrismus aus Persien und der Islam aus Arabien. Das Vordringen dieser Religionen revolutionierte das Denken und die Kunst der Menschen in der Wüste, so dass an vielen Orten spektakuläre Klöster entstanden. So wurde die fünfstöckige Tempelanlage von Dunhuang, die Mönche in eine 1600 Meter lange Steilwand meißelten, zu einer der größten Schatzkammern des Buddhismus. Von den ursprünglich 1000 Grotten sind allerdings nur noch 492 erhalten. Sie bergen die Schätze von Mogao: Phantastische Skulpturen, Großplastiken und kultische Wandmalereien, die in jenem Mischstil angefertigt wurden, in dem sich Indien, Griechenland, Persien und China treffen. Noch heute bedecken diese farbenprächtigen Fresken eine Fläche von 45 000 Quadratmetern. Kein anderer Ort auf der Erde ermöglicht einen so umfassenden Einblick in tausend Jahre buddhistischer Kultur.

LINKE SEITE: Fasziniert von den klaren Strukturen und erdhaften Farben wanderte ich 700 Kilometer durch die Wüste Gobi: ein pflanzen- und wasserarmes Land, das die Chinesen als »Shamo« oder »Serir« bezeichnen, als Sand- und Steinwüste.

Als der Verkehr auf den Seidenstraßen im 14. Jahrhundert versiegte, gerieten die Mogao-Höhlen in Vergessenheit. Wanderdünen schütteten die Tempelanlage zu. Erst im Jahr 1899 wurde sie von dem taoistischen Mönch Wang Yuanlu wiederentdeckt, der mit Helfern einige Grotten freischaufelte. Dabei stieß er auf eine zugemauerte Geheimkammer, in der er eine ganze Bibliothek ostasiatischer Wissenschaften entdeckte: Insgesamt kamen 50 000 Dokumente aus der Zeit vom dritten bis zum elften Jahrhundert zusammen. Das trockene Wüstenklima hatte dafür gesorgt, dass die Kulturzeugnisse länger als 900 Jahre erhalten blieben. Damals erkannten jedoch weder Wang Yuanlu noch die chinesische Provinzregierung den Wert dieser einzigartigen Fundstücke, so dass fragwürdige Forschungsreisende aus England, Frankreich, Schweden, Deutschland und Japan Tausende dieser Schätze aus dem Land schleppten.

IM KELLER DER ERDE

Ebenso bedeutungsvolle Kulturzeugnisse der Vergangenheit bietet auch die Erdsenke von Turfan, die zum Einzugsgebiet der Wüste Gobi zählt, ein insgesamt etwa 78 000 Quadratkilometer großes Trockenbecken, das an den Südhängen des Tian Shan Gebirges liegt und mit 154 Metern unter dem Meeresspiegel einer der tiefstgelegenen Flecken der Welt ist. Hier, im »Keller der Erde«, folgte ich den sinnfälligen Spuren der deutschen Asienforscher Albert Grünwedel und Albert von Le Coq. Zwischen den Jahren 1902 und 1914 leiteten sie die vier »Preußischen Turfan-Expeditionen«, die vor allem Ruinenstädte und Klosteranlagen an der Nordroute der Seidenstraße erforschten.

Neben dem Venezianer Marco Polo, dem Schweden Sven Hedin und dem Engländer Aurel Stein zählen Grünwedel und Le Coq zu den bedeutenden Entdeckern der wüstenhaften Weiten Ostturkestans. Während Grünwedel mit einigem malerischen Talent die kostbaren Höhlenfresken sorgfältig zu kopieren versuchte und sie mit detaillierten Ortsangaben und Höhlenbeschreibungen versah, sägte Le Coq mannigfaltige Wandgemälde mit einem Fuchsschwanz von den Tempelwänden, verpackte sie bruchsicher in rund 400 Kisten und transportierte sie auf einer zwanzigmonatigen Reise nach Berlin, wo ein Großteil dieser Kulturschätze von den Bomben des Zweiten Weltkriegs vernichtet wurde.

Zentrale Oasenstadt des ariden Turfanbeckens ist Turfan, von den Chinesen auch Tulufan genannt. Luftgetrocknete Lehmziegelhäuser wechseln hier mit Weinlaub-Pergolen und kleinen Zaubergärten. Lebenswichtiges Wasser sprudelt durch das »Kandjing«, ein 600 Kilometer langes unterirdisches Kanalsystem, das vor 200 Jahren in grausam harter Arbeit mit Hacke und Schaufel in den Wüstenboden gegraben wurde. Das kostbare Nass, das von den Bergen in die Oase geleitet wird, sorgt für üppigen Wuchs von langfaseriger Baumwolle, kernlosen Trauben und Süßmelonen. All das wird auch auf dem Markt von Turfan feilgeboten, wo hunderterlei Gerüche verzaubern. Hier trifft man Kasachen auf schwerbeladenen Pferdetaxis, Tadschiken mit prachtvollem Samthut, Uiguren mit buntbesticktem Käppchen

In einem Meer aus Sand – vom Wind zu überwältigenden Klippen und elliptischen Halbmondkurven modelliert.

und Dunganen mit Kaftan und Turban: Ein Stück Orient inmitten der chinesischen Wüste.

EIN ARCHÄOLOGISCHES MEKKA

Im Südwesten von Turfan liegen die windzernagten Ruinen der Stadt Gaochang (»Hohe Wohlhabenheit«). Es sind die Überreste des alten Turfan, das während der Uigurenherrschaft (ab 843) den Namen Karachodscha erhielt – eine 1500 Jahre alte Totenstadt, die um die Mitte des 8. Jahrhunderts Zentrum des Manichäer-Reiches »Kocha« war. Das Fehlen jeglicher Zeugnisse dieser asketischen Religionsgemeinschaft machte Albert von Le Coqs archäologische Entdeckungen so herausragend. Neben kostbaren Fresken, Schriftrollen und Hängebildern aus Stoff, die vielen Wissenschaftlern noch heute Rätsel aufgeben, fand der deutsche Forscher in einem geheimen Kuppelraum unter der Erde 100 Leichen buddhistischer Mönche, alle mit gräßlichen Säbelwunden am Schädel – ein vor 1000 Jahren angerichtetes Massaker, das le Coq der Verfolgung durch die Chinesen zuschrieb. Überdiese galt die Turfan-Senke seinerzeit als eines der Hauptzentren der von Indien nach China einsickernden buddhistischen Religion. Bedeutendes Zeugnis jener religiösen Einflussnahme sind die Höhlentempel von Bezeklik, die etwa fünfzig Kilometer von der Oasenstadt Turfan entfernt liegen. Diese heiligen Tempelgrotten, die am oberen Rand einer 80 Meter hohen Lösswand kleben, liegen inmitten einer hochgelegenen Schlucht in den »Flammenden Bergen«. Zur Blütezeit der Seidenstraßen galt Bezeklik als heiliges Zentrum der Buddhisten. Hier schufen Künstler verschiedener Nationalitäten »Tausend-Buddha-Grotten«, von denen nur noch sechzig erhalten sind: prachtvolle Wandgemälde, die lange Zeit unter den Sandmassen der Wüste verborgen lagen. Erst Albert von Le Coq schaufelte mit seinen Gefährten die Höhlen frei, fand alte Handschriften auf Papier, Palmblätter, Birkenrinde und Leder sowie Malereien in einzigartiger Farbenvielfalt, die sechshändige Dämonenfratzen und groteske indische Götterbilder zeigten; auch sonderbare Menschenköpfe mit rotem Haar, blauen Augen und eindeutig europäischen Gesichtszügen. Nicht zuletzt offenbarten Le Coqs Skulpturen auch einen griechischen Charakter: Beweis dafür, dass neben der indischen und persischen auch die griechische Kultur bis nach Bezeklik kam.

Als ewige Wächter des Glaubens stehen noch heute heilige Stupas, buddhistische Kulturdenkmäler, entlang der Seidenstraße.
Linke Seite: Jahrhundertealte Wachtürme und buddhistische Tempel dienen in den staubtrockenen Gebieten als mystische Orte der Besinnung und Verehrung, wo die Gläubigen beten und Räucherstäbchen entzünden.

In der Abenddämmerung scheinen mächtige Wolkenbänke über der Wüste Gobi förmlich zu glühen.
Linke Seite: Ein grandioser Ort für ein Nachtlager …

Als Transportmittel dient den Menschen in der Wüste Gobi vor allem der Kamelwagen oder Eselskarren. Neu ist die Luftbereifung.
Linke Seite: Begegnungen im Wüstenland.

Die Tempelanlage von Dunhuang in Nordwest-China, von einem erstarrten Sandmeer umgeben, zählt zu den eindrucksvollsten Heiligtümern des Buddhismus.
Rechte Seite: Zur Blütezeit der Seidenstraße gruben Mönche tiefe Höhlen in die Sandsteinhügel von Dunhuang. Von den ursprünglich 1000 Mönchszellen, auch Mogao-Grotten genannt, sind heute noch 492 erhalten. Sie bergen einzigartige Wandmalereien und mehr als 3000 Skulpturen, die einen umfassenden Einblick in tausend Jahre buddhistischer Kultur ermöglichen.

Im Reich der »Klingenden Sandberge« (Mingsha Shan) dehnen sich Dünenstaffeln wie Mondsicheln von Horizont zu Horizont.
Linke Seite: Wo der Wind an den Lehmruinen der Moscheen und Karawansereien nagt. Die 1500 Jahre alte Totenstadt Karachodscha an der Seidenstraße, im 8. Jahrhundert Zentrum des Manichäer-Reiches Kocha, zählt ebenso zu den bedeutenden Kulturzeugnissen an der Seidenstraße wie die Höhlen von Bezeklik, die am oberen Rand einer 80 Meter hohen Steilwand kleben. Buddhistische Mönche schufen hier prachtvolle Wandgemälde, die noch bis vor 80 Jahren unter den Sandmassen der Wüste Gobi verborgen lagen.

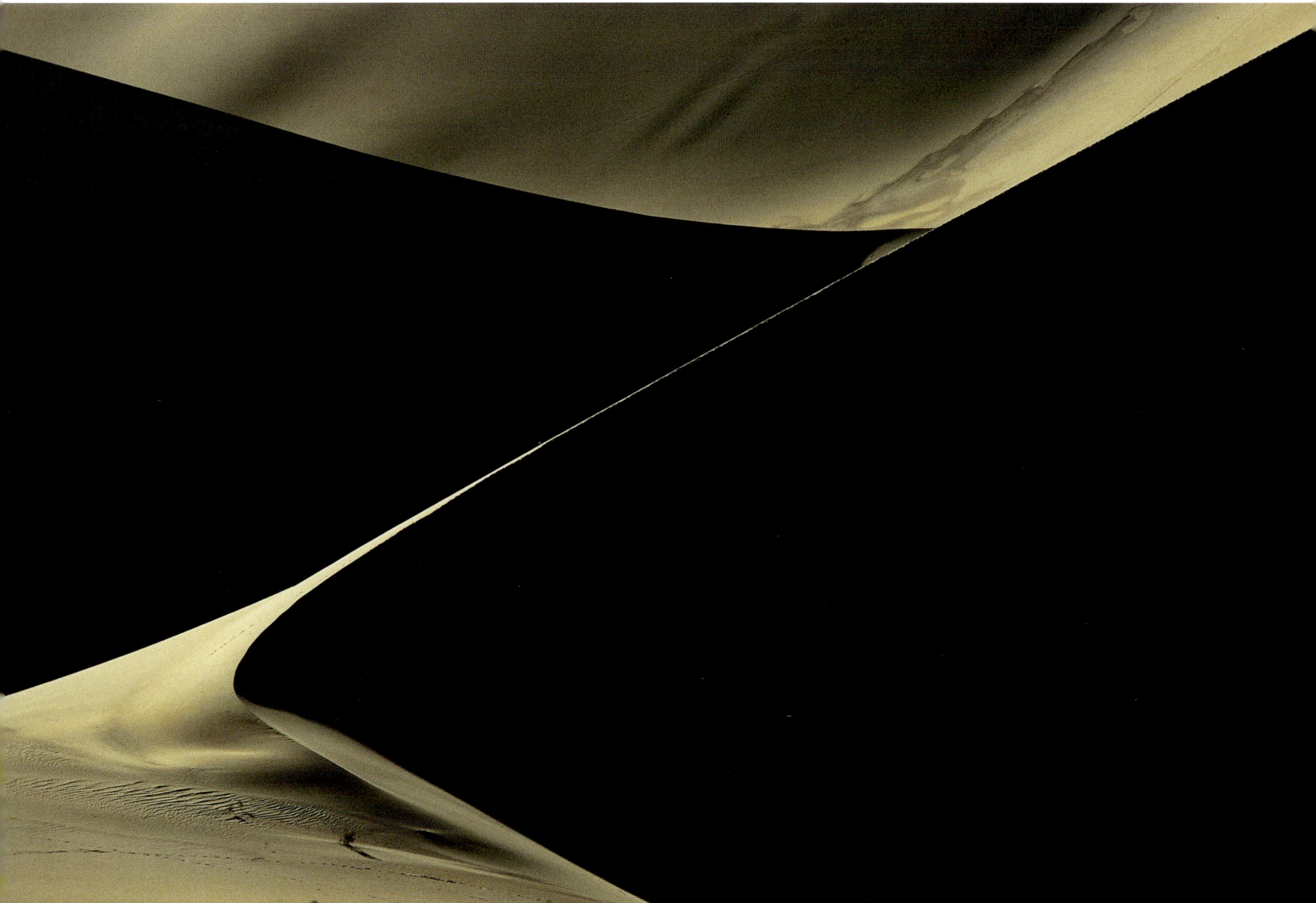

LICHT UND SCHATTEN prägen die Dünenstaffeln der Mingsha Shan: In diesem rund vierzig Kilometer langen Sandmeer gibt es nicht die geringste Spur von Vegetation. Wenn der Wind hier wie auf dem Kamm bläst, wird die Wüste zur Musikarena. Schon Marco Polo berichtete von geisterhaften Stimmen: »Auch bei Tage hört man die Geister sprechen, und von Zeit zu Zeit vernimmt man die Töne zahlreicher Musikinstrumente und noch öfter den Klang der Trommel.«

禁烟

Wie vor hundert Jahren gilt in der Wüste Gobi das Kamel als verlässlichstes Transportmittel. Auch Eselskarren, auf denen Bauern die Baumwollernte in die Oase Dunhuang bringen, gehören in Sinkiang – der größten aller chinesischen Provinzen – zum Alltagsbild.

Menschen der Gobi: Geprägt vom ruhigen Gleichmaß der Wüste …

… strahlen besonders ältere Menschen Würde und Gelassenheit aus.

Markt in der Oase – *dem* Kommunikationsort schlechthin: Börse für Tratsch und Neuigkeiten, Handelsplatz für Waren aller Art. Anders als in den armen Ländern Asiens muss selbst in den entlegenen Dörfern der Gobi niemand hungern. Dort wird das »Nang«, das Weizenbrot, im Lehmofen gebacken, während der Barbier seine Kunden unter freiem Himmel rasiert, Spezialisten die Ohren säubern, und Uiguren farbenfrohe Stoffe feilbieten.

Odadahraun – Islands Wüste der Missetäter

Viele Sagen ranken sich um die 4550 Quadratkilometer große Lavawüste »Odadahraun«, durch deren schwarze Mondlandschaft die Gletscherfluten des Jökulsá á Fjöllum strömen.

»Besser sollte man sagen: die Wüste setzt nicht nur neue Maßstäbe, sie ist in ihrer Grenzenlosigkeit und Unermesslichkeit selbst der neue und allein zuständige Maßstab. Das Begrenzte zeigt sich in der Erfahrung des Unbegrenzten in ganz neuem Licht, in neuer Gestalt und Perspektive. Gerade so ist die Wüste Symbol für das ›Unendliche‹, mehr: für den ›Unendlichen‹

Gisbert Greshake

Lava, nichts als Lava. Kein Baum, kein Strauch. Grandiose Kargheit von irgendwo nach nirgendwo. Kohleschwarze Schutthalden, graubraune Lapilli-Felder und ockerfarbene Bimssande soweit das Auge reicht. Diese Landschaft, die die erstarrte Glut aus dem Erdinneren mit dem kalten diffusen Licht des Nordens vereint, trägt den Namen »Odadahraun« – Wüste der Missetäter.

Viele Sagen ranken sich um dieses baumlose und von Kratern übersäte Unland, das im Nordosten von Island einer Science-fiction-Kulisse gleicht. Früher verbargen sich in dieser windreichen Urlandschaft die Geächteten, die von der isländischen Rechtsprechung als »vogelfrei« erklärt wurden. In Höhlen oder Lavagrotten vegetierten sie oft dahin, bis Hunger und Naturgewalten ihrem Leben ein Ende setzten. Wie in jeder Wüste herrscht auch im Odadahraun große Wasser- und Pflanzenarmut. Doch nicht Hitze und Trockenheit sind hier Grund dafür, sondern das raue ozeanische Klima, das zu häufigen Niederschlägen führt, die fast alle mineralischen Nährstoffe aus dem Lavagestein herauswaschen. Nur besonders anspruchslose und angepasste Pflanzen können in dieser Region existieren: Leimkräuter, Arktische Weidenröschen oder Grasnelken. Um so mehr formt die rauhe Natur hier gespenstische Steingebilde. Vornehmlich wenn dichte Nebelschwaden über die zerborstenen Lavaweiten wogen, glaubt man Trolle, Kobolde und Fabelwesen zu sehen, die phantasiereiche Bilder tiefer Urangst erzeugen. Während einer wochenlangen Exkursion durch diese Wüste wurde mir klar, weshalb die NASA diese Gegend als Übungsgelände für die Apollo-Astronauten ausgewählt hat: Es gibt wohl kein anderes Gebiet auf der Erde, das der Mondoberfläche so ähnlich ist.

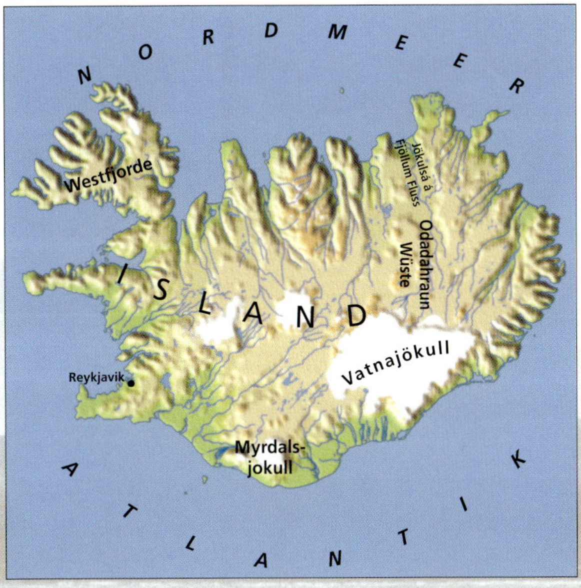

Herzstück des Odadahraun ist die Dyngjufjöll, eine bis zu 1510 Meter hohe Bergkette. Zu ihr gehört die Askja-Caldera, ein 50 Quadratkilometer großer vulkanischer Einsturzkessel, der – durch einen Bodeneinbruch im Zentrum des Kratergebirges – nach der letzten Eiszeit entstanden ist. Isländer gaben diesem Einsturzkessel den Namen »Askja«, was soviel wie »Schachtel« bedeutet, da die schroffe Einsenkung einer schachtelförmigen Vertiefung gleicht.

Die letzte Eruption der Askja erfolgte im Jahr 1961. Damals schossen aus einer 750 Meter langen Feuerspalte rot glühende Fontänen bis zu 400 Meter hoch, ehe die tausend Grad heiße Lava erstarrte und in bizarre Formen gerann. Noch heute findet man in den Caldera-Flanken des Kratergipfels, zwischen hellgelbem Bimsstein, der im Sonnenlicht wie Gold glänzt, Unmengen von tiefschwarzem Obsidian, der »Hrafntinna« (Rabenstein) genannt wird; ein Halbedelstein, der erst nach Vulkanausbrüchen, wenn sich die kieselsäurehaltige Lava abkühlt, sichtbar wird. Schon die Wikinger schätzten den Obsidian als Schmuckstück wie als Orakelstein.

Beim Aufstieg zur kreisrunden Askja-Caldera begriff ich, wie gewaltig die Kräfte sein müssen, die unter einer dünnen, verkrusteten Erdhaut am Werk sind und sich in periodischen Abständen durch Explosionen Luft verschaffen. So auch am 100 Meter breiten Kraterloch »Viti«, was »Hölle« bedeutet. Hier spuckte im Jahr 1875 eine Explosion ungeheure Aschemengen bis zu 30 Kilometer in den Himmel, die Tags darauf über höhere Atmosphäreschichten bis nach Norwegen gelangten. Gleich neben dem schroffen Kraterloch befindet sich der Öskjuvatn; ein eisiger Kratersee, der sechs mal vier Kilometer misst. Mit 220 Metern ist es das tiefste Gewässer von Island. Am 10. Juli 1907 ertranken hier zwei deutsche Wissenschaftler, die geologische Untersuchungen durchführen wollten. Zu dritt waren sie per Pferdewagen für mehrere Wochen ins Odadahraun gekommen – der Geologe Dr. Walther von Knebel (27), der Geologiestudent Hans Spethmann (22) und der Berliner Maler Max Rudloff (23). Nach dem Aufstieg zur Askja waren Knebel und Rudloff in einem Segeltuchboot auf den Kratersee hinausgepaddelt. Dort verschwanden sie spurlos. Eine rätselhafte Tragödie, die selbst Hans Spethmann – der sich zur vermeintlichen Zeit des Unfalls im nordöstlichen Teil des Dyngjufjöll-Massivs aufgehalten hatte – nicht erklären konnte, als er von isländischen Bauern

Die grösste Lavawüste der Welt erscheint zuweilen wie die Oberfläche eines imaginären Planeten. Hier wechseln erstarrte Lavaströme mit windgeschliffenen Geröllhalden und schier endlosen Flächen aus feinem Aschesand.
Rechte Seite: Inmitten eines riesigen Lavafeldes erhebt sich Islands schönster Berg – der 1682 Meter hohe Herdubreid. Die »breite Schulter« ist ein Tafelvulkan, der während der Eiszeit durch eine Eruption in einem Gletscher entstand.

14 Tage nach dem Unglück aus der vulkanischen Ödnis abgeholt wurde. Seitdem ranken sich viele Spukgeschichten um die Askja-Caldera.

Auch andere Naturwunder der Odadahraun-Wüste sind von rätselhaften Phänomenen begleitet: überall geheimnisvolle Szenerien, die einem fesselnden Bilderbuch gleichen. Da ist zum Beispiel der 1682 Meter hohe Herdubreid, die – so der isländische Name – »breite Schulter«: ein majestätisch schöner Tafelvulkan, der sich aus einer endlosen schwarzen Lavaebene erhebt und in der germanischen Sagenwelt als Göttersitz gilt. Eine Eruption unter dem Gletscher hatte diesem trapezförmigen Vulkan während der Eiszeit zur Geburt verholfen. Später setzten Basaltergüsse dem Berg eine Kappe auf, die heute von Firneis bedeckt ist. Im Jahr 1908 wurde die ringförmige Felsbastei des Herdubreid erstmals von dem deutschen Geologen Hans Reck über die Westwände bestiegen: Auch ich träumte von einem Biwak auf dem Gipfel dieses Berges, der wie eine Vulkaninsel aus dem erstarrten Lavameer ragt. Doch als ich nach mühevoller Besteigung den Kraterkegel des Herdubreid erreichte, zog ein Gewitter auf, dem dichter Nebel folgte. Erst nach einer Nacht und einem Tag löste sich der graue Vorhang wieder auf. Ein weiter Blick über die Odadahraun-Wüste, deren Grenzen nur zu erahnen sind: Im Norden die beiden Tafelvulkane Blafjáll und Sellandafjáll; im Süden der Vatnajökull; im Westen der Fluss Skjálfandafljot, und im Osten zieht der Jökulsá á Fjöllum – der »Gletscherfluss auf den Bergen« – seine reißende Spur durch die Lavawüste. Mit 206 Kilometern ist er der zweitlängste Fluss Islands, der aus dem Vatnajökull entspringt, dessen Fläche mit über 8000 Quadratkilometern etwa doppelt so groß ist wie alle Alpengletscher zusammen. Auf einer Erstbefahrung im Faltboot lernte ich die vielen Gesichter dieses Flusses kennen, der über Klippen und Kanten stürzt und sich durch enge Canyons zwängt.

Vor allem am Dettifoss, Europas größtem Wasserfall, erlebte ich ein atemberaubendes Naturschauspiel. In den Sommermonaten stürzen hier wegen des hohen Schmelzwasserabflusses in jeder Sekunde zwischen 500 und 700 Kubikmeter Wasser fast 50 Meter in die Tiefe. Kein Zweifel, der Jökulsá á Fjöllum, der auf seinem Weg zum Meer täglich mehr als 100 000 Tonnen Sand und Geröll durch die Lavaödnis transportiert, zaubert auf jeden Streckenabschnitt wundersame Ausblicke auf die isländische Wüste: eine faszinierende, überwältigende Region, die Gott noch nicht zu Ende geschaffen hat.

Wolkenbänke ballen sich zusammen: Ein schweres Unwetter zieht auf, mit heftigen Sturmböen und Regengüssen.
Rechte Seite: Die Missetäter-Wüste wird von der Askja-Caldera beherrscht, einem 50 Quadratkilometer großen vulkanischen Einsturzkessel, in dem es im Jahr 1961 zur bislang letzten Eruption kam. In den tiefen Kratern haben sich mittlerweile farbenprächtige Seen gebildet.

In der grenzenlosen Weite der Missetäter-Wüste wird der Mensch winzig, während die erstarrten Lavablöcke in der Phantasie zuweilen zu skurilen Schattengestalten werden, die geheimnisvollen Fabelwesen gleichen.

Mitten durch die Wüste strömt der »Jökulsá á Fjöllum« – ein reißender Fluss, der von den abfließenden Schmelzwassern des gewaltigen Vatnajökull genährt wird. Über eine Strecke von 206 Kilometern bahnt er sich seinen Weg durch enge Schluchten und weite Canyons bis zum Nordmeer.
Rechte Seite: Im Faltboot durch die Lavawüste. An Europas wasserreichstem Fall blicke ich in den brodelnden Dettifoss. Die Gischt des Gletscherflusses schlägt mir ins Gesicht, der Sog des Aufwinds zerrt an meinen Kleidern. In den Sommermonaten stürzen bis zu 450 Kubikmeter Wasser pro Sekunde hinab.

Von schwarzen Aschesandflächen flankiert fließt der Gletscherfluss Jökulsá á Fjöllum durch die Missetäterwüste mit dem Herdubreid-Berg.

Eine atemberaubende Landschaft der Leere: In weiten Bereichen dieser Wüste haben die Kräfte der Verwitterung alle Strukturen eingeebnet.

Versteinerte Pflanzen, die vor allem in den Fels- und Steinwüsten der Nordwestecke Islands zu finden sind, beweisen, dass Island vor Millionen Jahren zur Thule-Landbrücke gehörte, die zwischen der Alten und der Neuen Welt existierte. Aber nur selten krallen sich kümmerliche Pflanzen, Gras, Moos oder farbige Krustenflechten an die schrundigen Felsbuckel.

Selbst in den unheimlichen Weiten der Wüste überrascht die Natur gelegentlich mit eigenwilligen Erscheinungen: Hier bevölkern Gräser und Moose den rabenschwarzen Landstrich.

Im Winter verwandelt sich die erstarrte Lavalandschaft der Missetäterwüste sieben Monate lang in eine kälteklirrende Ödnis. Eis und Schnee decken dann alles zu – auch die holprigen Pisten, die von keinem Wagen mehr befahren werden können.

Kaisut – An der Wiege der Menschheit

Die schattenspendenden Schirmakazien offenbaren im Licht der Abendsonne ihren Zauber.

»Hier treiben die Gedanken in die Grenzenlosigkeit, und doch ist ungewiss, ob ich die ungeheure Wüste besser mit dem verlorenen Blick begreife oder mit der fühlenden Hand, durch die der Sand rieselt, der die Wüste bildet ... es gibt hier Stunden, da Sandflüstern stärker ist als Grübeleien eines Europäers.«

Johannes Muron

Alles was vor Millionen von Jahren im Norden Kenias geschah, ereignet sich auch gegenwärtig: Sandstürme zerschürfen die Erde, Vulkanschlote speien Mengen von Kohlendioxyd, und Verwitterungskräfte sorgen für natürliche Selbstverwüstung. Wundersames überall in der Wüste Kaisut. Zudem liegt hier, eingebettet in schwarze Lavafelder und schroffe Mondlandschaft, der erst 1888 vom ungarisch-österreichischen Grafen Samuel Teleki von Szék entdeckte Turkana-See.

Noch heute birgt dieses Gewässer, das sich bis an die Grenzen Äthiopiens ausbreitet, viele Rätsel. Eine Legende berichtet, dass der Turkana-See in grauer Vorzeit mit dem Nil und dem Niger verbunden war: ein gewaltiges zusammenhängendes Wassersystem, das sich über den halben afrikanischen Kontinent erstreckte. Überdies traten an den Ufern dieses Gewässers, als Folge einer Jahrmillionen währenden Erosion, einzigartige Hominidenfossilien zutage; Zeugnisse jener Epoche der Erdgeschichte, als die »Wiege der Menschheit« in der nördlichen Hälfte Kenias stand. Bis vor 30 Jahren wurden die schier unermesslichen Weiten der Kaisut noch als »Northern Frontier Distrikt« bezeichnet, ein Sperrgebiet für ausländische Besucher. Blutige Stammesfehden um Vieh- und Weidegründe machten das Betreten dieses weglosen Ödlandes unmöglich. Heute ist diese Region frei zugänglich: jedoch nicht frei von Gefahren, denn noch immer hat Wegelagerei bei vielen Nomadenvölkern Tradition. Zudem sorgen »Shifta« (somalische Banditen) und »Ngorokos« (gesetzlose Turkana-Krieger), die mit modernen Waffen ausgerüstet sind, für zahlreiche Überfälle.

DURCH DAS RAUE LAND UNSERER VORFAHREN

Mein Weg in die Kaisut-Wüste führte quer durch Ostafrika: erst im Geländewagen, dann per Dromedar. Von Tansanias Hauptstadt Daressalam folgte ich

der historischen Route des Grafen Teleki, der 1887/88 eine der teuersten Afrika-Expeditionen unternahm, die die klassische Phase der Erforschung Afrikas beendete. Zusammen mit dem aus Pressburg stammenden Seeoffizier Ludwig von Höhnel reiste der reiche Adlige, der in Berlin und Göttingen studiert hatte, ehe er die militärische Laufbahn einschlug, mit Dutzenden von lokalen Führern, zahlreichen Askaris und etwa 600 Trägern, durch die exotische Wildnis des Schwarzen Kontinents. Mehr noch: Auf der Suche nach einem sagenumwobenen See, den die Einheimischen »Bassa Narok« (Schwarzes Wasser) nannten, durchquerten Teleki und Höhnel als erste Europäer die Wüsten Nordkenias, eines der letzten geographischen Geheimnisse Afrikas. Angesichts der schwer passierbaren Route Telekis musste ich den Geländewagen in Isiolo (Kenia) zurücklassen und meine Ausrüstung auf drei Dromedare umladen. Gwani und Kamaironi, zwei junge Männer aus dem Nomadenstamm der Samburu, begleiteten mich. Ohne afrikanische Führer gibt es in der Vielvölkerregion Nordkenias kein Durchkommen. Es ist die Heimat von Turkana, Rendille, Merille, El-Molo, Gabbra und Samburu – alles Jäger- und Nomadenvölker, die sich ihre Kultur und Lebensform weitgehend bewahrt haben, und diese exotischen Stämme waren es auch, die mich mehr als die Landschaft gefangen nahmen. Besonders die Turkana-Frauen waren ein faszinierender Blickfang mit ihren wohlgeformten, glattrasierten Schädeln und den weit ausladenden Perlenkrägen. Zudem erwiesen sich die Frauen bei der schmerzvollen Prozedur von Schönheitsnarben als wenig zimperlich: Wenn das Messer in die mit Daumen und Zeigefinger zusammengekniffene Haut schnitt und die blutende Wunde danach mit Salz, Speichel oder Kräutersäften eingerieben wurde, so dass sich wulstige Buckelnarben bildeten, die nicht nur als Schönheitssymbol, sondern auch als Prophylaxe gegen Krankheiten helfen sollen, regten sie sich nicht.

IN DEN HÜTTEN DER TURKANA

Entlang des Uaso Nyiro, des »Braunen Flusses«, führte meine Spurensuche durch eine Buschsavanne, in der zuweilen ein Jahr lang kein Regen fällt. Hier, in der absoluten Abgeschiedenheit, stießen wir gelegentlich auf Fährtenbündel nomadisierender Menschen, die mit ihren Rindern, Ziegen, Eseln und Dromedaren unterwegs waren. Nur selten kreuzten Strauße oder Gerenuks (Giraffengazellen) unseren Weg. Nashörner und Elefanten, auf die Teleki noch Jagd machte, sind seit langem verschwunden.

Wenn ich mit Gwani und Kamaironi in der endlosen Weite auf ein paar Behausungen aus Astwerk, Kuhdung und Ziegenmist traf, waren wir immer willkommen. Gastfreundschaft sicherte meinen Begleitern in allen Samburu-Hütten ein Durchkommen. Folglich durfte ich den süßen starken Tee niemals ablehnen. Nur das »abgezapfte« Blut der Dromedare, das mit dicker Milch verquirlt wird, rührte ich nicht an.

Zudem machte ich in den fensterlosen Hütten der Turkana, wo mir Männer mit Elfenbeinpflöcken in der Unterlippe »Ukali« (ein Gericht aus Maismehl) servierten, beängstigende Entdeckungen: An den Palmenblattwänden hingen abgeschnittene Penisse oder kleine Tabakbeutel, die aus menschlichen Hoden gefertigt waren – beides Trophäen, die die Turkana im Kampf mit Nachbarstämmen um Weideland, Wasserlöcher oder Vieh errungen hatten.

Auch meine afrikanischen Scouts machten keinen Schritt ohne ihren Speer, denn oft schlich nachts ein Löwe um unser Camp. Dann hockten wir angespannt im Schein des Lagerfeuers und verfolgten jede Bewegung der geschmeidigen Raubkatze, bis sie in der Dunkelheit verschwand.

Trotz vieler Gefahren sah ich niemals Angst in den Gesichtern von Gwani und Kamaironi, die mit 13 Jahren beschnitten wurden und seitdem als »Imurran« gelten, als Krieger. In der Welt der Samburu, der »Schmetterlinge«, muss ein Krieger nicht nur stark und voller Würde sein, sondern auch schön: Daher schmücken sich die Männer mit Ohrringen und bunten Perlenketten, bemalen Gesicht und Körper mit orangeroter Erdfarbe und bestreichen ihr hüftlanges Haar mit Rinderfett, das in Dutzenden feiner Zöpfe geflochten ist.

Je weiter unsere kleine Karawane nach Norden zog und den sinnfälligen Spuren des ungarisch-österreichischen Grafen folgte, desto mehr wandelte sich die Dornenwüste. Karge Steinteppiche wechselten mit scharfkantigen Lavafeldern, auf denen die Tiere Mühe hatten, festen Tritt zu fassen.

Schlimmer noch waren die steilen, nachgiebigen Uferränder der sandigen Trockenflusstäler. Oft brachen sie unter den Schritten der Dromedare. Dann brüllten die Tiere vor Angst und versuchten ihre Lasten abzuwerfen. Nur mit geduldigem Zureden und heftigem Ziehen am Zugseil waren sie letztlich doch zum Klettern zu bewegen.

Schließlich gingen ausgedehnte Sandhügel in tischebene Schotterflächen über, in denen vereinzelt sonnenversengte Schirmakazien und Stechpalmen standen – ein ausgedörrtes Terrain, in dem wir auf einen uralten, schon zur Legende gewordenen Wald aus Stein stießen: Wie frisch gefällt lagen die bis zu sieben Millionen Jahre alten Zypressenstämme verstreut herum und erinnerten an eine Zeit, als die Kaisut-Wüste ein blühendes Paradies war mit tropischen Wäldern, klaren Flüssen, tiefen Sümpfen und saftigen Gräsern; wo säbelzähnige Raubkatzen, nashorngroße Schweine, dreizehige Pferde sowie schwergewichtige Mammuts lebten.

ZUR »WIEGE DER MENSCHHEIT«

Dann, in baumloser Mondlandschaft: der Turkana-See, fünfzehn Mal größer als der Bodensee – eine scheinbar endlose jadegrüne Wasserfläche, die je nach Wind und Sonnenstand in den verschiedensten Türkisnuancen schimmert. Noch heute bietet der abflusslose See, der nur durch den äthiopischen Omo River mit Wasser versorgt wird, einen gewaltigen Reichtum an Fischen, Flusspferden und Vögeln. Vor allem die riesigen Nilbarsche sowie die vielen Krokodile sind Hinweise darauf, dass der 270 km lange See einst mit dem Nil verbunden war.

Graf Teleki nannte das größte Gewässer im ostafrikanischen Grabenbruch ehemals »Rudolf-See«, zu Ehren des österreichischen Erzherzogs. Erst nach der Unabhängigkeit Kenias im Jahr 1963 wurde der See nach dem dort lebenden Nomadenvolk umbenannt. Als die alpenländischen Abenteurer am 6. März 1888 den Turkana-See erreichten, schwärmerisch auch »Jade-Meer« genannt, schrieb Ludwig von Höhnel in sein Tagebuch: »Wir erklommen geschwind den Kamm der Hügelkette, und schon beim Aufstieg enthüllte sich uns Stück für Stück einer völlig veränderten Welt. Mit jedem Schritt wuchs wie von Zauberhand geführt die Ausssicht auf eine Landschaft mit malerischen Gebirgen und zerklüfteten Hängen, einem Gewirr von Schluchten und Tälern, die von allen Seiten heranzudrängen schienen, um den passenden Rahmen für die tiefblau schimmernde Oberfläche des Sees zu bilden, der sich bis zum Horizont ausdehnte. Eine Zeitlang blickten wir sprachlos vor Freude auf dieses Bild, das uns durch seine Schönheit gebannt hielt, während unsere

Träger, die einige Minuten lang ebenso wortlos in die Ferne geschaut hatten, schließlich in Rufe des Erstaunens über den Anblick des riesigen, glitzernden Sees ausbrachen, der am Horizont mit dem Blau des Himmels verschmolz.«

Bald darauf machten Teleki und Höhnel eine entmutigende Entdeckung: Durch unterirdische Abflüsse aktiver Vulkane war das Wasser des Turkana-Sees stark salz-, soda- und fluorhaltig – und deshalb kaum trinkbar. Vier Tage musste die Expedition am Ostufer des Gewässers entlang ziehen, ehe man in dem Ort Loiyangalani auf Frischwasserquellen stieß: die Erlösung aller Durstqualen.

Zudem ist der Turkana-See ein launisches Gewässer, über dem der Wind binnen weniger Minuten mit erschreckender Heftigkeit einfallen kann. Grund dafür sind die Monsunwinde des Indischen Ozeans. Von Afrikas Äquatorgebieten angezogen, bilden sie zwischen dem äthiopischen und kenianischen Hochland einen Windkanal, der den Turkana-See immer wieder zu einem todbringenden Stück Natur macht. In Sekundenschnelle können hier heftige Stürme aufziehen, die den Turkana-Fischern Angst und Schrecken bereiten.

Rund um das gefährliche Gewässer sind die vulkanischen Sandsteinfelder reich an Fossilien. Seit das englische Forscherehepaar Louis und Mary Leakey sowie ihr Sohn Richard (ein bedeutender Paläoanthropologe) inmitten wüster Bizarrerien Überreste von Hominiden und Tieren aus dem jüngsten Tertiär und Quartär fanden, gilt diese Region als bedeutendster Fundort von Hominiden-Zeugnissen. Noch vor hundert Jahren, als Teleki und Höhnel hier im schwarzen Aschensand die Eindrücke ihrer Schritte hinterließen, ahnte niemand, dass an den Ufern des Turkana-Sees ein riesiger paläontologischer Garten existiert, wo vor Jahrmillionen die vermeintliche »Wiege der Menschheit« gestanden haben soll. Als bislang bedeutendste Funde gelten die Knochenteile eines 2,2 Millionen Jahre alten Hominidenschädels, den Wissenschaftler in akribischer Kleinarbeit zusammensetzten. Dieses einzigartige Ausgrabungsstück, das von einem direkten Vorfahren des heutigen Menschen stammt, lässt die Vermutung zu, dass die verwitterte Ödnis Nordkenias einst der Entstehungsort des Menschen gewesen ist. Gleichwohl ist das fehlende Glied unserer Ursprungskette noch immer nicht gefunden, und somit sind die Paläoanthropologen weitgehend auf Vermutungen angewiesen.

Hier, inmitten einer bizarren Wüstenlandschaft am Ufer eines unwirtlichen Sees, könnte es aber gewesen sein, wo sich vor Urzeiten der Frühmensch, *Homo habilis* und *Homo erectus*, der »Aufrechtgehende« entwickelte – eine Art »Über-Raubtier«, das Feuer machte, Werkzeug aus Stein, Knochen und Holz benutzte, in Gruppen jagte und seine Beute teilte –, ehe es die steilen Hänge des Great Riff Valley überwand und sich anschließend auf den Weg in die Welt machte.

Dromedarbullen reagieren aggressiv, wenn sie sich in die Enge getrieben fühlen.

Noch heute leben viele wilde Dromedare in der Kaisut-Wüste. Die extremen Klimabedingungen machen die lebensnotwendige Nahrungs- und Wasserversorgung jedoch äußerst schwierig.
Linke Seite: Turkana-Nomaden erkennt man auch an ihrem für sie so charakteristischen weitausholenden Gang, mit dem sie durch die Wüste wandern.

Im Norden Kenias gibt es nicht viele Wasserstellen. Kamele, Ziegen, Schafe und Esel sammeln sich in ausgetrockneten Flussbetten um die wenigen Löcher, an denen das kostbare Nass zutage tritt.

Ein Samburu-Scout mit Speer beobachtet von einem hohen Felsplateau aus die dornige Weite der Wüste. Er hält Ausschau nach Löwen oder »Shiftas« (Räuber). Beide könnten der friedlichen Karawane, mit der wir zum Turkana-See ziehen, gefährlich werden.

Damit die »Tonkappe« – der Kopfschmuck der Turkana-Männer – nicht beim Schlafen seine Form verliert, nächtigen die Nomaden auf einer hölzernen Kopfstütze (siehe Seite 109, die die Frauen aus einer Astgabel schnitzen. **Linke Seite:** Im Norden Kenias sind viele Stämme beheimatet, die sich ihre traditionellen Kulturen und Lebensformen noch weitgehend bewahrt haben.

Die Kinder der Turkana sind mit der Härte des Wüstenlebens wohlvertraut. Sie hüten die Schafe und Ziegen, wobei ihr Alltag von der Mobilität ihrer Familien geprägt ist, um Dürreperioden zu überbrücken.
Linke Seite: Mit viel Geschick hocken die Turkana auf dem »Ekitscholón« – ein kleiner traditioneller Holzschemel, der auch als Kopfstütze genutzt wird.

Bizarres Buschwerk der Kaisut-Wüste, das von der Trockenheit fast zerstört ist.
Linke Seite: Unterwegs im Norden Kenias, mit zwei Samburu-Scouts, die in ihrem Stamm als Krieger (»Immuran«) gelten. Vor einem Fremden hüten die Samburu ihre Vornamen wie ein Geheimnis, da sie glauben, dass ihnen sonst die Seele gestohlen würde.

Turkana sind immer auf der Suche nach Weide- und Wasserstellen für ihre Tierherden.
Rechte Seite: Am Turkana-See bestehen die Hütten des gleichnamigen Stammes aus Palmenblättern, Fellen und dornigen Ästen, die zu einer kuppelartigen Behausung verflochten sind.

Auf das Spiel »bao«, das enorme Geschicklichkeit erfordert, verwenden die Wüstenvölker Nordkenias viel Zeit.
Rechte Seite: Zum Schmuck der Turkanamänner gehören ein Handgelenkmesser, die Kopfkappe aus buntem Ton mit Federbusch sowie der Ekitscholón.

Nur an wenigen Orten finden die Nomaden das ganze Jahr über ihr kostbares Nass. Oft müssen tiefe Löcher in ausgetrockneten Flusstälern gegraben werden, um den Wasserbedarf von Mensch und Tier zu decken.

Augenfälligster Schmuck der Turkanafrauen sind die weitausladenden, kiloschweren Perlenkrägen, die eine verheiratete Frau niemals abnimmt.

DURCH DIE HUNGERSNÖTE IM NORDEN KENIAS WURDEN NOMADISIERENDE HIRTEN IN IMMER GRÖSSERER ZAHL ZU FISCHERN: Besonders die großen Nilbarsche sind sehr begehrt und bringen auf den Oasenmärkten reichlich Gewinn. Neben Reusen und Netzen dienen den Turkana auch kleine schwankende Flöße zum Fischfang, die aus Palmenstämmen gefertigt sind, mit denen sie auf den windreichen See hinaus fahren.

Sahara – Im Garten Allahs

Faszination Sahara: Licht- und Schattenspiele in einem einzigartigen Sandmeer.

»Ich liebe die Wüste: die unendliche Weite und den Formenreichtum der Sahara mit ihren unabsehbaren Hochebenen, in denen sich der farblos ausgemergelte, vegetationslose Boden am Horizont mit dem grauen, von feinstem Sand verhangenen Himmel vermählt – mit ihren Hochgebirgen, die dank der besonderen Verwitterungsbedingungen voll sind von bizarren Formen, die an eine Mondlandschaft erinnern wie kaum sonst eine Gegend dieser Welt – mit ihren Sanddünen, in die der Wind die schönsten Muster und Linien schreibt.«

Gisbert Greshake

Tarhalamt our tata zakit« – die Karawane hält niemals an, heißt es in der Tuaregsprache. 16 Stunden marschiert sie am Tag durch Sand und Stein. Egal, ob ein Tier erschöpft ist oder stirbt; ob ein Nomade trinken, essen oder pinkeln will – niemals hält die Karawane an. Ohne Halt geht sie bis zum nächsten Nachtlager. Und erst dort dürfen sich die Männer, wenn jedes Dromedar versorgt ist, die Rast mit Tee versüssen. Das ist ein uraltes Gesetz der Wüste. Und niemand kennt es besser als die Tuareg, jene blaugewandeten Aristokraten, die schon lange vor der Zeitwende von der afrikanischen Mittelmeerküste nach Süden vorstießen und als »Ritter der Wüste« das saharische Universum beherrschten – nicht nur als Krieger, sondern auch als Händler, Sklavenhalter und Räuber.

»Bahr bela ma«, Meer ohne Wasser, nannten die ersten Karawanenführer den trockengefallenen Ozean der Sahara, den sie wie auf einer Seereise durchschifften. Schwer beladen mit Salz, Seide, Gold, Edelsteinen, Gewürzen und Menschensklaven pendelten ihre Karawanen zwischen Mauretanien, Mali, Niger und Algerien, wobei sie es verstanden, sich an der Sonne, an den Sternen und an prägnanten Merkmalen der Landschaft zu orientieren. So entstand in der Sahara ein Netz weitläufiger Karawanenrouten, das den Tuareg Arbeit, Handel und Überleben garantierte. Mehr als tausend Jahre ging das so. Doch nun haben Autopisten den traditionellen Karawanenbetrieb überflüssig gemacht. Nur auf den extremen Salz- und Durststrecken in Mali (von Timbuktu nach Taoudeni) und im Niger (von Agadez nach Bilma) ist das Dromedar durch nichts zu ersetzen. Andernorts sind die Tuareg durch Dürre und Repression gezwungen, sich den Gesetzen der modernen Welt zu unterwerfen.

Auf meinen Reisen in das »Meer ohne Wasser« war ich immer wieder fasziniert vom Zauber der Sahara, die mit etwa neun Millionen Quadratkilometer als größte aller Wüsten gilt. 5300 Kilometer reicht sie von West nach Ost (vom Atlantik bis zum Roten Meer), während sie von Nord nach Süd selten weniger als 1600 Kilometer misst. Für die muslimischen Wüstenbewohner gilt die Sahara als der Garten Allahs, aus dem der Herr der Gläubigen alles Überflüssige entfernt hat, damit wir Menschen das wahre Wesen der Dinge erkennen. Im Arabischen heißt Sahara soviel wie »gelblich-rötlich«, und so sieht die Szenerie auch vielerorts aus – vor allem wenn sich die sichelförmigen Dünenmeere im Abendlicht färben. Dann errichtete ich mein Nachtlager im weiten Meer des Sandes, ließ die Dromedare niederknien, versorgte die Tiere mit Stroh und Wasser, stapelte das Gepäck in Hufeisenform gegen den Wind und kochte mir eine Mahlzeit. Später lag ich mit dem Schlafsack im Sand und schaute in den Glitzerhimmel über mir, wo sich Myriaden von Sternen zu Kunstwerken bündelten. Traum und Wirklichkeit verschwammen: Die blauschwarze Weite der Wüste wurde zu einem mystischen Korridor der Zeit, in dem die Jahrmillionen der Erdgeschichte verwehen.

WO DIE DINOSAURIER LEBTEN

Vor etwa 150 Millionen Jahren war die Sahara ein blühender Garten Eden: ein Land mit feucht-kühlen und gemäßigten Zonen. Hier gab es tropische Wälder, Sümpfe und Seen, wo bis zu 80 Tonnen schwere Dinosaurier lebten, deren unterschiedliche Skelette im Jahr 1964 im Staat Niger zu Hunderten im sogenannten »Tal der Saurier« aus dem Wüstensand gegraben wurden.

Beredte Zeugnisse der Vergangenheit sind auch jahrtausende alte Felszeichnungen, die vor allem im Tassili n'Ajjer zu finden sind: ein Hochplateau im Südosten Algeriens, das als Freilichtmuseum unbekannter Künstler gilt, und das einen Einblick in das Leben von damals ermöglicht – lange bevor diese Region zur Wüste wurde.

Gleichermaßen reizvoll ist die Vielgestaltigkeit der Sahara. Neben grandiosen Sanddünen, den »Großen Ergs«, gibt es die »Hammadas« – trümmerverwehte Blockmeere – sowie die »Regs«, horizontale Trocken- und Geröllebenen mit Flugsand oder Kies. Zudem sind da noch die vulkanischen Gebirgsmassive sowie die fruchtbaren Oasen, die alle-

Für die bizarren Landschaften der Sahara scheinen Zeitbegriffe nicht zu gelten.

fremdartigen Namen bekleidet sind, die der Magie der Landschaften entsprechen: Adrar, Beni Abbes, Djanet, El Golea, In Salah, Timimoun, Tamanrasset – und natürlich Timbuktu: Noch immer ist Timbuktu die geheimnisvollste Stadt Afrikas. Noch immer haben die festungsartigen Moscheen und riesigen Minarette, die drohenden Zeigefingern gleichen, ihre mythische Ausstrahlungskraft nicht verloren. Zu märchenhaft war diese Oase mit Palästen, 180 Koranschulen, 333 Heiligen, 100 000 Einwohnern sowie einer Universität mit Fakultäten für Astronomie, Medizin, Recht und Mathematik. Natürlich lockte der Reichtum Timbuktus viele Entdecker und Forscher an, die sich vor bald 200 Jahren aufmachten, die geheimnisvollste Stadt der Sahara zu erkunden, um ihren Ruhm über die Welt zu verbreiten: 1825 war es der englische Major Alexander Gordon Laing, der bis Timbuktu vordrang, und ein Jahr später auf der Rückreise ermordet wurde; im April 1826 kam der Franzose René Caillié zu Fuß von Tanger (Marokko) in der Verkleidung eines arabischen Pilgers bis hierher, und in den Jahren 1853/54 besuchte der deutsche Geograph Heinrich Barth die sagenumwobene Wüstenstadt. In den Geschichtsbüchern wird Timbuktu um das Jahr 1000 erstmals erwähnt vierhundert Jahre später geriet dieser Sammel- und Beuteplatz der Tuareg unter den Herrschaftsbereich von Kankan-Moussa – jenem Mali-König, der 1325 auf seiner Pilgerreise nach Mekka Timbuktu besuchte und dessen Reichtum die arabische Welt beinahe in eine Wirtschaftsdepression gestürzt hätte: Als Mekkapilger trieb der Wüstenkönig den Goldpreis in Ägypten für fast zehn Jahre in den Keller, nur weil er die Höflinge im ägyptischen Kairo mit unglaublichen Mengen des gelben Metalls beschenkte. Doch das ist längst Geschichte. Mit der marokkanischen Invasion im Jahre 1591 und der Verschleppung der geistigen Elite erlosch die Blütezeit der berühmten Oase. Heute ist Timbuktu – ein Tuaregwort, das »Brunnen der Wächterin mit dem großen Nabel« bedeutet – in der Vergangenheit versunken. Die märchenhafte Wüstenstadt, über die einst das Gerücht kursierte, ihre Dächer wären mit Gold gedeckt, gibt es nicht mehr. Die alten Lehmhäuser und Sakralbauten, die noch immer als Beispiele sudanesischer Lehmarchitektur gelten, haben längst ihre mystische Ausstrahlungskraft verloren, und die Menschen sind vom täglichen Kampf um die Existenz zermürbt.

Ich verließ damals Kabara, Timbuktus Hafen, auf einer Piroge und folgte der riesigen Wasserstraße des Niger durch die Süd-Sahara nach Mopti, das im westafrikanischen Staat Mali liegt. Von dort wollte ich ins Landesinnere zum Gebirgsmassiv von Bandiagara, Zufluchtstätte der animistischen Dogon – ein Urvolk des Schwarzen Kontinents aus prähistorischer Zeit, das einst vor den kriegerischen Tuareg und den Armeen der großen westafrikanischen Reiche in die abgelegene Bergwelt Malis flüchtete, wo es seine Jahrtausende alte Tradition und Glaubensvorstellung bis heute weitgehend bewahren konnte.

Mit dem Schiff durch die Wüste

Nicht weit von Timbuktu, wo die windmodellierten Wanderdünen der Sahara über die Ufer des Niger drängen, sucht sich der mächtige Strom stetig ein neues Flussbett. »Ghirnigheren« nennen die Araber diesen »Fluss der Schwarzen«, der in Guinea am-

Fouta-Dschalon- Massiv, in der Nähe des neunten Breitengrades entspringt und in einem großen Bogen durch die südliche Sahara fließt, ehe er nach 4200 Kilometern in den Golf von Guinea mündet. 1796 bereiste der schottische Arzt Mungo Park diesen drittgrößten Strom Afrikas als erster Europäer. Seit damals haben sich die 15 bis 20 Meter langen Pirogen sowie die einbaumähnlichen Pinassen der Malinesen kaum verändert. Bug und Heck bestehen nach wie vor aus zwei zusammengefügten Teilen. Die Zwischenräume werden mit feuchtem Sackleinen, Teer und Schmieröl abgedichtet, während große Rahsegel, lange Stakstangen oder kräftige Motoren für den Antrieb sorgen.

Einzigartig ist das Binnendelta des Niger zwischen Timbuktu und Segu, wo sich der riesige Strom zu einem über 40 Kilometer großen See (Lake Débo) ausdehnt und ein unübersehbares Labyrinth aus Inseln und Nebenarmen bildet. Zur Hochwasserperiode zwischen Juni und November setzen die Fluss-fluten hier eine Ebene von etwa 40 000 Quadratkilometer unter Wasser. Erst wenn die Fluten zurückgehen, können die Einheimischen das fruchtbare Delta für den Anbau von Hirse und Reis nutzen. Südlich des Lake Débo geht die Vollwüste in die Dornen- und Trockensavanne über – eine Region, die die frühen Karawanenreisenden »al-Sahel« nannten: jenes Ufer mit Schirmakazien, Doumpalmen und Termitenhügeln, das es nach langer »Seefahrt« durch das saharische Sandmeer zu erreichen galt. Als für Europa gerade das finstere Mittelalter anbrach, entstanden hier die großen westafrikanischen Reiche Ghana, Mali und Songhai, die mächtige Armeen unterhielten, funktionstüchtige Verwaltungen besaßen und regen Handel mit Städten wie Kairo, Mekka und Genua trieben. Gleichwohl zählt Mali heute zu den ärmsten Staaten des Schwarzen Kontinents.

Eine Ausnahme bildet Mopti – Afrikas Venedig: eine florierende Stadt, die zur Überschwemmungszeit des Niger drei durch Dämme verbundene Inseln bildet. Auf dem – über den Land- oder Wasserweg belieferten – Markt türmen sich Berge von Zwiebeln, Gewürzen, Paprikaschoten und Maniok, während es in den mobilen Garküchen dampfenden Reis und leckere Krapfen, gebackene Bananen, gekochte Eier, heißen Tee und warmes Fladenbrot mit Karitébutter gibt – eine ölige Paste aus Karitésamen. Daneben werden zu Pulver zerriebene Krokodile und Schlangen als Heilmittel feilgeboten sowie heiratsfähige Töchter unter die Haube gebracht.

Wüstenland: **Leere Weite, stille Sandwogen.**

DAS GEHEIME WISSEN DER DOGON

Von Mopti führte mich mein Weg 200 Kilometer nach Osten: zu Fuß, ausgestattet nur mit Kartenmaterial und Kompass sowie einem Rucksack, in dem das Lebensnotwendigste steckte. Von Wasserstelle zu Wasserstelle ging es quer durch das Land des Baobab – besser bekannt als Affenbrotbaum. Einheimische erzählen, dass Gott den Baobab auf den Kopf gestellt hat, um seine Selbstgefälligkeit zu bestrafen.

Nach zweiwöchiger Wüstenwanderung erreichte ich das imposante Bergmassiv Bandiagara: ein rund 400 Meter hohes Felsreich, das sich über mehrere Kilometer erstreckt und aus einer ozeangleichen Sand- und Schuttebene aufsteigt. Noch heute gilt dieses zerklüftete Gebirge, dessen nördliche Ausläufer die Hombori-Berge bilden, als Heimstatt der Dogon. So heißt ein etwa 200 000 Menschen zählendes Bauerngeschlecht, das vermutlich vom rätselhaften Volk der Garamanten abstammt, die einst im Gebiet des heutigen Libyen lebten. Vielleicht waren die Dogon auch mit den alten Ägyptern eng verbunden, die ebenfalls über außergewöhnliche astronomische Kenntnisse verfügten.

Erst im zehnten Jahrhundert flohen die späteren Dogon, nachdem sie über die Sahara ins Land am Niger vorgedrungen waren und sich mit der ansässigen Bevölkerung vermischt hatten, vor den Übergriffen des mächtigen Mossi-Reiches in die Gebirgswelt Bandiagaras. Dort verdrängten sie die kleinwüchsigen Tellem, die Urahnen der Pygmäen, die damals in winzigen Höhlen hoch oben in den Felswänden lebten. Noch immer kleben die uralten Lehmbehausungen der frühen Dogon wie Schwalbennester am Felsbruch bizarrer Steilklippen, die nur über Kerbbäume zu erreichen sind.

Zwei Monate war ich Gast bei den Dogon, die mich an ihrem einfachen und archaischen Leben teilhaben ließen und die mir überall – ob in burgartigen Dörfern oder befestigten Farmgehöften – eine Unterkunft sowie einen Schlafplatz gewährten. Einmal mehr erfuhr ich hier, wie hart und entbehrungsreich das Leben weltentlegener Wüstenvölker ist, die dennoch – ohne romantische Verklärung – zufrieden und glücklich sind.

FELSBILDER DER SÜD-SAHARA

Höhepunkt meines Aufenthaltes bei den Dogon waren die surreal anmutenden Felsmalereien, die von Alter und Niveau der einstigen Dogon-Kultur zeugen. Vorbei an prismenartigen Speichertürmen, in denen Hirse lagerte – das Hauptnahrungsmittel der Dogon –, hatte mich eines Morgens ganz unvermittelt ein dürrer Alter über halsbrecherische Pfade zu den uralten Felsbildern geführt, die mit auffallend klarer und sicherer Linienführung vom traditionellen Erbe der Dogon berichten.

Die ersten Europäer, die die wunderbaren Malereien der Dogon-Priester sahen, waren die französischen Ethnologen Marcel Griaule und Germaine Dieterlen, denen es 1931 gelang in das geheimnisumwitterte Dogonland vorzudringen, wo sie eine Fundgrube für die Wissenschaft entdeckten. Sie erfuhren damals nicht nur von den kultischen Zeremonien religiöser Oberhäupter oder vom Welterneuerungsritual, sondern auch von der spirituellen Bedeutung des komplizierten Sirius-Systems, von der Verknüpfung des kosmischen Geschehens mit den tiefsinnigen Schöpfungslegenden der Dogon, in deren Zentrum der körperlose Gott Amma, der »Schöpfer aller Dinge«, und dessen Sohn Nommo stehen, als »Wegbereiter einer neuen Welt«. Zudem lernten sie die faszinierenden Maskentänze der Dogon kennen sowie ihre beeindruckende Maskenschnitzkunst, deren verschiedenartige Darstellungsformen (Dämonen, Geister, Jäger und Tiere) symbolische Bedeutung haben. Besondere Verehrung genießt das Krokodil: Einer Sage nach sollen sogar freundliche Krokodile die Dogon, nachdem sie ihren erbitterten Feinden entkommen konnten, über den Niger getragen haben.

Auch ich erfuhr in den Dörfern der Dogon, dass die geistlichen Würdenträger seit undenklichen Zeiten über spezifische Kenntnisse der Himmelskunde verfügen, die den Astronomen und Astrophysikern erst im 19. Jahrhundert durch Teleskope und andere Hilfsmittel der Technik vertraut wurden. Seit alters her kennen die Dogon auch den Saturnring, die vier Jupitermonde, die Oberflächenmaterie des Erdmondes und den für das menschliche Auge unsichtbaren Stern Sirius B, Begleiter des Sirius (Hundsstern), der 8,7 Lichtjahre von der Erde entfernt ist.

Woher kommt dieses Wissen? Statt mir eine Antwort zu geben, erzählte mir ein Dogon-Priester von einem uralten Stammes-Ritual, bei dem alle sieben Jahre der Häuptling der Dogon getötet wurde, damit das Volk eine Art Welterneuerung erfährt: ein geheimnisvoller Kult, der aber nicht von langer Dauer gewesen sein soll. Nur sieben Stammesführer unterwarfen sich ihm. Der achte überlebte die Opferzeremonie und hielt sich ein halbes Jahr versteckt, ehe er im Dorf seines Nachfolgers erschien und berichtete, dass er auf dem Stern »po« (Sirius B) gewesen sei, wo ihm gesagt wurde, dass jeder Dogon-Häuptling künftig 60 Jahre regieren dürfe. Schließlich erfuhr ich bei wilden Trommelklängen, archaischen Gesängen und traditionellen Maskentänzen von mystischen Trancereisen, die die Dogon in Kontakt mit höheren Mächten bringen. Verdankten womöglich die ehemaligen Dogon-Häuptlinge ihr spektakuläres Wissen solchen Wanderungen des Geistes unter dem Einfluss von Drogen? Tatsache ist, dass vor mehr als 5000 Jahren die Ägypter im Wechselspiel mit den Sumerern Mesopotamiens binnen weniger Generationen eine Hochkultur schufen. Wie aus dem Nichts entstanden die Monumentalarchitektur, die Schrift, die Kunst und das Handwerk. Doch woher

»Die Wüste ist Schrift«, schreibt der Mystiker und Kabbalist Edmund Jabés. »In jedem Sandkorn ein überraschendes Zeichen.«

stammte dieser revolutionäre Wandel? Wer waren die Träger dieser imposanten Entwicklung? Sind die Dogon womöglich Bewahrer altägyptischer Geheimlehren? An meinem letzten Abend im Gebirge von Bandiagara saß ich mit einigen Dogon am Feuer, als mir Afrikas Himmel eine Mondlicht-Idylle bescherte: die Milchstraße zum Greifen nah, konnte ich die Sternschnuppen kaum zählen. Unentwegt zischten helle Lichtschweife durch die Raumwüste und sanken in die Nacht; Augenblicke, in denen ich mich aus dem Bannkreis der Erde löste und mich fragte, ob es in den Weiten des Weltraums etwas gibt, das den Vorfahren der Dogon einst begegnete?

AM ENDE DER WELT

Im südöstlichen Teil Algeriens liegt das Hoggar-Gebirge (Ahaggar) als imposantes Herzstück der Sahara: 300 000 Quadratkilometer Felsgigantismus, der vor Millionen Jahren hier entstand, als die Erdoberfläche explodierte und Vulkanberge aus dem Boden stiegen. Tuareg nennen diese feuergeborene Monumentalität »Atakor« – »Land unter dem Finger Gottes«. Einer der ersten Europäer, der diese unwegsame Felswüste kennenlernte, war der französische Pater Charles de Foucauld (1858-1916), dessen Lebensgeschichte fasziniert: vom reichen Lebemann und Frauenheld der Pariser Gesellschaft zum Offizier der Fremdenlegion; vom Forschungsreisenden und Afrikahelden der Belle Epoque zum Theologiestudenten und Priester, der schließlich Europa den Rücken kehrte und der mystischen Faszination der Wüste erlag. Im Jahr 1904 reiste er erstmals ins Hoggar-Gebirge, wo er die Erkenntnis gewann, den Weisungen Gottes folgen zu sollen und einen beschwerlichen Weg wie Jesus von Nazareth zu gehen. 16 Jahre lebte er in selbstgewählter Armut unter den Tuareg, erlernte ihre Sprache (Tamaschek) und Schrift (Tifinagh), übersetzte die Bibel und legte ein 2000 Seiten umfassendes Wörterbuch der Tuaregsprache an. Zudem betreute er Kranke, sorgte für Impfungen, ver-

Kamelmarkt in Tamanrasset: Bei den Tuareg wird auch der so genannte »Brautpreis« bis heute in Dromedaren berechnet, wobei ein »Mehari«, ein Tier von edlem Geblüt, so viel wert ist wie zehn Dromedare.

anlasste Pflanzungen, Brunnenbauten und führte die damaligen Friedensverhandlungen zwischen den Tuareg und den französischen Kolonialherren zu einem erfolgreichen Abschluss, so dass ihn die Nomaden der Wüste bald als Heiligen verehrten. Doch als die Wogen des Ersten Weltkriegs bis in die Wüste reichten und die Bevölkerung der Zentralsahara wild entschlossen war, die französischen Oberherren zu verjagen, zog eine Sekte libyscher Senussi-Krieger raubend und plündern durch Algerien, die im Dezember 1916 Pater de Foucauld in der Oase Tamanrasset ermordeten.

Ein Naturschauspiel ohnegleichen bot sich mir am Gipfel des Assekrem (2726 m) – ein schroffer Berg, der sich mitten im Hoggar-Gebirge erhebt. Abgewittert vom Atem der Jahrtausende, gilt dieses schartige Massiv bei den Tuareg als »Ende der Welt«.

DER ORT DER WAHRHEIT

Hier baute Pater de Foucauld vor rund 100 Jahren eine kleine Einsiedlerkirche zur Meditation – ein Ort, den ich nach monatelangem Pilgermarsch durch die Sahara auf den Spuren von Charles de Foucauld als Ziel gewählt hatte. Niemals werde ich den überwältigenden Ausblick vom Assekrem vergessen, nachdem ich auf schmalem Zickzackpfad die Gipfelkapelle erklommen hatte: Imposante Steinriesen und versprengte Felsspitzen glühten im ersten Licht der aufgehenden Sonne – ein zyklopisches Felsgewirr aus erstarrten Basaltpfropfen längst abgetragener Vulkane; ein kaum zu überbietendes Naturschauspiel, das in mir ehrfürchtige Begeisterung hervorrief angesichts der in Millionen Jahren entstandenen Herrlichkeit, die von Wind und Sand zur heutigen Form geschliffen wurde.

Hier war es also, wo Charles de Foucauld in völliger Abgeschiedenheit seine philologischen Studien betrieb, sein gesammeltes Wissen über die Tuareg niederschrieb und Pläne für ein neues Mönchstum entwarf, wobei Nächstenliebe sein Ideal war, was ihn schließlich zum häufig genannten »Wüstenvater« des 20. Jahrhunderts werden ließ. Zudem machte der französische Pater in seiner weltenfernen, bescheidenen Eremitage mystische Erfahrungen, die ihm tiefe Einblicke in die Schöpfungsgeschichte vermittelten, und er begriff: »Die Wüste ist der Ort der Wahrheit, kein Ort der Weltflucht.«

Als stolze »Ritter der Wüste« galten die tief verschleierten Männer der Tuareg einst. Heute verdrängen vielerorts Asphaltpisten mit schwerbeladenen Lastwagen die Karawanen.

Herzstück jeder Oase in der Sahara ist der Markt. Orientalische Gerüche locken hier zu farbenprächtigen Gewürzständen.
Linke Seite: Die Seele der Märkte sind die Frauen. In farbenprächtigen Gewändern feilschen sie um Reis, Datteln, Radios und Heilmittel. Vor allem das goldene Ohrgehänge der Peul-Frauen ist ein faszinierender Blickfang.

Was für ein erhebender Augenblick, wenn man nach tagelangem Ritt durch die Wüste endlich eine Oase erreicht: Hinter der Sandmauer verrrät üppiges Grün die Wasserquelle, und Palmen sowie Häuser versprechen den lang ersehnten Schatten.

Auf der Tidikelt-Ebene steht am Rand eines Friedhofs ein weißgetünchtes Marabut – das Grabmal eines Heiligen, der verstorbenen Seelen Frieden im Jenseits geben soll.
Linke Seite: Ghardaia zählt zu den architektonisch schönsten Oasenstädten der Sahara – ein labyrinthartiges Wabenwerk dicht aneinandergebauter Wohnhäuser, über denen der hohe Lehmturm einer Moschee aufragt. Vor 700 Jahren wurde diese Stadt von Mozabiten gegründet – strenggläubige Moslems, die sich im 13. Jahrhundert auf der Flucht vor Verfolgung hierher zurückgezogen haben.

مناطق التجمعات الفلاحية الكبرى 16 كم
اقبلي
تيط
اينغر
عين صالح
تمنغست
58
47
21
151
797
مناطق التجمعات الفلاحية الصغرى 4 كم
أولف الكبير
تمقطن
16

Kunstvolle Torbögen und fensterlose Hauswände prägen das Erscheinungsbild der Oasenstädte.
Linke Seite: Die Sahara hat viele Gesichter: Da warten Einheimische am Pistenrand auf eine Mitfahrgelegenheit, sind per Fahrrad unterwegs, treffen sich in den engen Gassen der Oasenstädte zum Schwatz mit den Nachbarn oder halten mit Besen und Schaufel die Hauseingänge vom Flugsand frei.

Im Südosten der algerischen Sahara erhebt sich aus einer grenzenlose Leere das Felslabyrinth des Tassili-Gebirges. Bizarr geformte Felsungetüme wechseln mit riesigen Canyons und imponierenden Blockmeeren. Hier entstand ein großartiges Freilichtmuseum, das einzigartige Felszeichnungen beherbergt: Tausende von Bildern, die bis zu 600 Jahre vor Christus zurückdatiert wurden, vermitteln einen Eindruck vom Leben in einer Zeit, als die Wüste noch fruchtbar war.

Rechte Seite: Weite Sandtäler, schroffe Felsmassive und vulkanische Kraterkegel prägen den Charakter der südsaharischen Hoggar-Region, die die Sonne in ständig wechselnden Farben aufleuchten lässt. Hier lebte der französische Pater Charles de Foucauld (1858–1916) in selbstgewählter Armut ein karges Leben mit den Tuareg.

Spuren von Leben in der kargen Wüstenei: Ob Dornschwanzagame, Hornviper oder Skorpion – überleben kann in der Ödnis nur, wer gut angepasst ist.
Linke Seite: Ein großer Teil der Sahara besteht aus Felswüsten. Fast 3000 Meter hoch ragt das Hoggar-Gebirge (Ahaggar) im saharischen Zentralmassiv auf: Hier erheben sich imposante Basaltdome wie gotische Kathedralen – eine monumentale Pracht, die von den Launen des Windes geformt wurde.

Das Hoggar-Gebirge im saharischen Zentralmassiv entstand durch gewaltige Vulkanausbrüche. Mächtige Lavaströme erstarrten zu himmelhohen Türmen; zudem stiegen ganze Vulkanberge aus dem Erdboden auf, die von Wind und Sand in Millionen von Jahren zur heutigen Form geschliffen wurden. **Rechte Seite:** Vom Assekrem-Berg, wo der französische Pater Charles de Foucauld einst den Ursprüngen seiner Religion auf die Spur kommen wollte, bietet sich ein faszinierendes Panorama. Im magisch wirkenden Dämmerlicht überragen sich Berge wie Orgelpfeifen und Stalagmiten in einer unvorstellbaren Weite. Nicht umsonst bedeutet der Name »Assekrem« in der Sprache der Tuareg »Ende der Welt«.

Der Niger, Afrikas drittgrösster Strom, durchschneidet die südliche Sahara. Wo der Sand über die Ufer drängt, sucht sich der Fluss immer wieder neue Nebenarme, die die Einheimischen mit einbaumähnlichen Pirogen befahren, die mit großen Rahsegeln bestückt sind. Noch heute sind diese Flussschiffe ein Abbild jener Boote, die schon vor 600 Jahren in Westafrika gebaut wurden.

Bis zu fünfzig Meter tief dringen die Wurzeln der Palmen in der Sahara in die Erde ein, um das unterirdische Grundwasser zu erreichen, das auf Tonschichten zuweilen ganze Ströme oder Seen bildet.

FÜR RITA EICKHOFF

denn: »Leben, das ist wie das Prickeln von Champagner, einfach leben!«
FANNY OSBOURNE

LEKTORAT UND BILDREDAKTION: Robert Fischer
GESTALTUNG: Robert Fischer, Achill Moser
BILDLEGENDEN: Achill Moser

ALLE FOTOS vom »Produktionsteam Achill Moser«, zu dem auch Carsten Wulff, Christopher Landerer und André Poling gehörten.

KARTOGRAFIE: Reinhold Eisele

ZITATNACHWEIS:
Seite 1 - aus dem Buch: »Die sieben Säulen der Weisheit« von T. E. Lawrence, München 1979
Sahara-Kapitel: Die Heilige Schrift/Bibel - Altes Testament, 2. Moses 19 (16)
Gobi-Kapitel: Teilhard de Chardin »Geheimnis und Verheißung der Erde«, Freiburg im Breisgau 1958.
Odadahraun-Kapitel und Sahara-Kapitel: Gisbert Greshake »Die Wüste bestehen«, Freiburg im Breisgau 1979.
Kaisut-Kapitel: Johannes Muron »Himmel über wanderndem Sand«, München 1931.

DANKSAGUNG

Ohne die Unterstützung vieler Menschen wäre dieses Buch niemals entstanden. Vor allem möchte ich vier Personen danken, die mir im Laufe eines Vierteljahrhunderts – zu verschiedenen Zeiten – das Vertrauen und die Möglichkeit gaben, meine »Wüstenträume« zu leben:
Rolf Winter (seinerzeit GEO u. Stern-Chefredakteuer), Randolph Braumann (seinerzeit GEO-Redakteur), Jürgen Bungert (seinerzeit Chefreporter der Bild am Sonntag u. stellv. Chefredakteuer der Neuen Revue), Christian Personn (seinerzeit Ressortleiter bei Fit for Fun).

GEDRUCKT AUF CHLORFREI GEBLEICHTEM PAPIER

DIE DEUTSCHE BIBLIOTHEK – CIP-EINHEITSAUFNAHME
Ein Titelsatz für diese Publikation ist bei Der Deutschen Bibliothek erhältlich.

GESAMTVERZEICHNIS GRATIS:
Bruckmann Verlag GmbH,
Nymphenburger Straße 86,
80636 München
www.bruckmann.de

Printed in Italy by Printer Trento s.r.l.
ISBN 3-7654-3549-X